石油科技知识系列读本
SHIYOU KEJI ZHISHI XILIE DUBEN

天然气概论

Natural Gas in Nontechnical Language

作者：Rebecca L.Busby
翻译：王大锐

石油工业出版社

内 容 提 要

本书是一本为非专业人员撰写的关于天然气工业的通俗读物，介绍了天然气工业从井场勘探开采到终端用户的全过程，并强调了天然气工业未来的发展趋势、资源量以及供求关系等。读者可以对天然气工业的历史、勘探开发技术、运输管线、储存、运输与市场交易、经济与契约性项目条款以及相应的法规等有一个总体了解。

本书可供天然气工业非专业人员阅读，也可供天然气市场经销商、投资商及相关院校师生阅读。

图书在版编目（CIP）数据

天然气概论 /（美）Rebecca L.Busby 著；王大锐译．
北京：石油工业出版社，2009.12
石油科技知识系列读本丛书
书名原文：Natural Gas
ISBN 978-7-5021-6253-5

Ⅰ．天…

Ⅱ．① R…② 王…

Ⅲ．天然气－普及读物

Ⅳ．TE64-49

中国版本图书馆 CIP 数据核字（2007）第 140754 号

本书经 PennWell Publishing Company 授权翻译出版，中文版权归石油工业出版社所有，侵权必究。著作权合同登记号：图字01-2002-3655

出版发行：石油工业出版社
　　　　　（北京安定门外安华里2区1号　100011）
　　　　　网　　址：www. petropub.com
　　　　　发行部：(010) 64210392
经　　销：全国新华书店
印　　刷：北京中石油彩色印刷有限责任公司

2009 年 12 月第 1 版　2014 年 12 月第 5 次印刷
787×960 毫米　开本：1/16　印张：9.25
字数：155 千字

定价：25.00 元
（如出现印装质量问题，我社发行部负责调换）

版权所有，翻印必究

《石油科技知识系列读本》编委会

主　　任：王宜林

副 主 任：刘振武　袁士义　白泽生

编　　委：金 华　何盛宝　　　　张 镇

　　　　　刘炳义　刘喜林　刘克雨　孙星云

翻译审校：（按姓氏笔画排列）

尹志红	王 震	王大锐	王鸿雁	王新元
王瑞华	艾 池	乔 柯	刘 刚	刘云生
刘怀山	刘建达	刘欣梅	刘海洋	孙晓春
朱珊珊	吴剑锋	张 颖	张国忠	李 旭
李 莉	李大荣	李凤升	李长俊	李旭红
杨向平	杨金华	汪先珍	苏宇凯	邵 强
胡月亭	赵俊平	赵洪才	唐 红	钱 华
高淑梅	高雄厚	高群峰	康新荣	曹文杰
梁 猛	阎子峰	黄 革	黄文芬	黎发文

丛 书 序 言

石油天然气是一种不可再生的能源，也是一种重要的战略资源。随着世界经济的发展，地缘政治的变化，世界能源市场特别是石油天然气市场的竞争正在不断加剧。

我国改革开放以来，石油需求大体走过了由平缓增长到快速增长的过程。"十五"末的 2005 年，全国石油消费量达到 3.2 亿吨，比 2000 年净增 0.94 亿吨，年均增长 1880 万吨，平均增长速度达 7.3%。到 2008 年，全国石油消费量达到 3.65 亿吨。中国石油有关研究部门预测，2009 年中国原油消费量约为 3.79 亿吨。虽然增速有所放缓，但从现在到 2020 年的十多年时间里，我国经济仍将保持较高发展速度，工业化进程特别是交通运输和石化等高耗油工业的发展将明显加快，我国石油安全风险将进一步加大。

中国石油作为国有重要骨干企业和中央企业，在我国国民经济发展和保障国家能源安全中，承担着重大责任和光荣使命。针对这样一种形势，中国石油以全球视野审视世界能源发展格局，把握国际大石油公司的发展趋势，从肩负的经济、政治、社会三大责任和保障国家能源安全的重大使命出发，提出了今后一个时期把中国石油建设成为综合性国际能源公司的奋斗目标。

中国石油要建设的综合性国际能源公司，既具有国际能源公司的一般特征，又具有中国石油的特色。其基本内涵是：以油气业务为核心，拥有合理的相关业务结构和较为完善的业务链，上下游一体化运作，国内外业务统筹协调，油公司与工程技术服务公司等整体协作，具有国际竞争力的跨国经营企业。

经过多年的发展，中国石油已经具备了相当的规模实力，在国内勘探开发领域居于主导地位，是国内最大的油气生产商和供应商，也是国内最大的炼油化工生产供应商之一，并具有强大的工程技术服务能力和施工建设能力。在全球 500 家大公司中排名第 25 位，在世界 50 家大石油公司中排名第 5 位。

尽管如此，目前中国石油仍然是一个以国内业务为主的公司，国际竞争力不强；业务结构、生产布局不够合理，炼化和销售业务实力较弱，新能源业务刚刚起步；企业劳动生产率低，管理水平、技术水平和盈利水平与国际大公司相比差距较大；企业改革发展稳定中的一些深层次矛盾尚未根本解决。

党的十七大报告指出，当今世界正在发生广泛而深刻的变化，当代中国正在发生广泛而深刻的变革。机遇前所未有，挑战也前所未有，机遇大于挑战。新的形势给我们提出了新的要求。为了让各级管理干部、技术干部能够在较短时间内系统、深入、全面地了解和学习石油专业技术知识，掌握现代管理方法和经验，石油工业出版社组织翻译出版了这套《石油科技知识系列读本》。整体翻译出版国外已成系列的此类图书，既可以从一定意义上满足石油职工学习石油科技知识的需求，也有助于了解西方国家有关石油工业的一些新政策、新理念和新技术。

希望这套丛书的出版，有助于推动广大石油干部职工加强学习，不断提高理论素养、知识水平、业务本领、工作能力。进而，促进中国石油建设综合性国际能源公司这一宏伟目标的早日实现。

2009 年 3 月

丛 书 前 言

为了满足各级科技人员、技术干部、管理干部学习石油专业技术知识和了解国际石油管理方法与经验的需要，我们整体组织翻译出版了这套由美国 PennWell 出版公司出版的石油科技知识系列读本。PennWell 出版公司是一家以出版石油科技图书为主的专业出版公司，多年来一直坚持这一领域图书的出版，在西方石油行业具有较大的影响，出版的石油科技图书具有比较高的质量和水平，这套丛书是该社历时 10 余年时间组织编辑出版的。

本次组织翻译出版的是这套丛书中的 20 种，包括《能源概论》、《能源营销》、《能源期货与期权交易基础》、《石油工业概论》、《石油勘探与开发》、《储层地震学》、《石油钻井》、《石油测井》、《油气开采》、《石油炼制》、《石油加工催化剂》、《石油化学品》、《天然气概论》、《天然气与电力》、《油气管道概论》、《石油航运（第Ⅰ卷）》、《石油航运（第Ⅱ卷）》、《石油经济导论》、《油公司财务分析》、《油气税制概论》。希望这套丛书能够成为一套实用性强的石油科技知识系列图书，成为一套在石油干部职工中普及科技知识和石油管理知识的好教材。

这套丛书原名为"Nontechnical Language Series"，直接翻译成中文即"非专业语言系列图书"，实际上是供非本专业技术人员阅读使用的，按照我们的习惯，也可以称作石油科技知识通俗读本。这里所称的技术人员特指在本专业有较深造诣的专家，而不是我们一般意义上所指的科技人员。因而，我们按照其本来的含义，并结合汉语习惯和我国的惯例，最终将其定名为《石油科技知识系列读本》。

总体来看，这套丛书具有以下几个特点：

(1) 题目涵盖面广，从上游到下游，既涵盖石油勘探与开发、工程技术、炼油化工、储运销售，又包括石油经济管理知识和能源概论；

(2) 内容安排适度，特别适合广大石油干部职工学习石油科技知识和经济管理知识之用；

(3) 文字表达简洁，通俗易懂，真正突出适用于非专业技术人员阅读和学习；

(4) 形式设计活泼、新颖，其中有多种图书还配有各类图表，表现直观、可读性强。

本套丛书由中国石油天然气集团公司科技管理部牵头组织，石油工业出版社具体安排落实。

在丛书引进、翻译、审校、编排、出版等一系列工作中，很多单位给予了大力支持。参与丛书翻译和审校工作的人员既包括中国石油天然气集团公司机关有关部门和所属辽河油田、石油勘探开发研究院的同志，也包括中国石油化工集团公司江汉油田的同志，还包括清华大学、中国海洋大学、中国石油大学（北京）、中国石油大学（华东）、大庆石油学院、西南石油大学等院校的教授和专家，以及BP、斯伦贝谢等跨国公司的专家学者等。需要特别提及的是，在此项工作的前期，从事石油科技管理工作的老领导傅诚德先生对于这套丛书的版权引进和翻译工作给予了热情指导和积极帮助。在此，向所有对本系列图书翻译出版工作给予大力支持的领导和同志们致以崇高的敬意和衷心的感谢！

由于时间紧迫，加之水平所限，丛书难免存在翻译、审校和编辑等方面的疏漏和差错，恳请读者提出批评意见，以便我们下一步加以改正。

《石油科技知识系列读本》编辑组
2009 年 6 月

致　谢

如果没有以下多方提供的可靠资料，本书是不可能完成的。

(1) 天然气技术研究所（IGT）提供了其研究流程，这些内容成为本书中许多章节的起始点。这些相关内容成为第 1 章中天然气工业发展简史、天然气的成因以及天然气的分配运行方式和一些输送公司等内容的背景资料。

(2) 由 Bridget Travers 编辑、Gale 研究机构提供的"科学发现世界"为本书提供了关于天然气的生成与天然气工业历史的资料。

(3) 关于天然气的勘探与开采的资料来自 Norman Hyne 所著的《石油勘探与开发》一书。

(4) 由天然气研究所（GRI）提供资助、Nicholas P. Biederman 完成的关于天然气配气工业的系列报告为本书天然气配气系统的建设与维护提供了详实的资料。

(5) 天然气研究所为本书提供了许多出版物，成为本书的资料来源，包括天然气研究所文摘（GRID）、天然气装置技术中心（GATC）的《焦点》杂志、GasTIPS 杂志、《美国能源需求与供应的 GRI 基础预测》等。

天然气研究所还提供了许多著作中的研究照片和绘图，它们是由 GRID 的著名编辑 Cheryl Drugan 收集的。GATC 的《焦点》杂志编辑 Vincent Brown 和 GasTIPS 杂志编辑 Karl Lang 也为本书提供了插图。

笔者感谢上述所有为本书提供帮助的人，并特别感谢耐心为本书进行编辑并清绘所有图件的 Dan Handman。

Rebecca L. Busby
San Juan Capstrano，CA

目　　录

引言 ……………………………………………………………………… 1
1　天然气的成因与发展史 ………………………………………… 3
　1.1　天然气的性质 …………………………………………… 3
　1.2　天然气的形成与聚集 ……………………………………… 4
　1.3　天然气工业发展简史 ……………………………………… 7
　　参考文献 ………………………………………………… 13
2　勘探原理、工具与技术 ………………………………………… 15
　2.1　天然气在地下是怎样成藏的 ……………………………… 15
　2.2　勘探技术 ……………………………………………… 18
　2.3　最新的天然气勘探目标 …………………………………… 24
　　参考文献 ………………………………………………… 25
3　钻井、开采与处理 ……………………………………………… 26
　3.1　钻井与开采的基本步骤 …………………………………… 26
　3.2　钻井机械 ……………………………………………… 26
　3.3　钻井技术 ……………………………………………… 29
　3.4　单井评价与完井 ………………………………………… 32
　3.5　天然气开采 …………………………………………… 35
　3.6　天然气处理 …………………………………………… 36
　　参考文献 ………………………………………………… 38
4　天然气的输送管网 ……………………………………………… 39
　4.1　天然气是怎样运输的 ……………………………………… 39
　4.2　天然气管道工业发展简史 ………………………………… 39
　4.3　管道项目的发展 ………………………………………… 41
　4.4　管道的运行 …………………………………………… 44
　4.5　管道的维护与安全 ……………………………………… 46
　　参考文献 ………………………………………………… 48
5　天然气的储存 …………………………………………………… 49
　5.1　天然气是怎样储存的 ……………………………………… 49
　5.2　地下储气库的发展简史 …………………………………… 50

　　参考文献‥‥‥‥‥‥‥‥‥‥‥‥‥‥‥‥‥‥‥‥‥‥‥‥‥‥‥‥‥ 52
6　天然气配气系统‥‥‥‥‥‥‥‥‥‥‥‥‥‥‥‥‥‥‥‥‥‥‥ 54
　6.1　天然气是如何配气的 ‥‥‥‥‥‥‥‥‥‥‥‥‥‥‥‥‥‥‥‥ 54
　6.2　天然气配气工业的发展简史 ‥‥‥‥‥‥‥‥‥‥‥‥‥‥‥‥ 55
　6.3　天然气的接收 ‥‥‥‥‥‥‥‥‥‥‥‥‥‥‥‥‥‥‥‥‥‥‥ 55
　6.4　配气系统的运行 ‥‥‥‥‥‥‥‥‥‥‥‥‥‥‥‥‥‥‥‥‥‥ 57
　6.5　配气系统的建设 ‥‥‥‥‥‥‥‥‥‥‥‥‥‥‥‥‥‥‥‥‥‥ 60
　6.6　配气系统的维护 ‥‥‥‥‥‥‥‥‥‥‥‥‥‥‥‥‥‥‥‥‥‥ 60
　6.7　其他的配气项目 ‥‥‥‥‥‥‥‥‥‥‥‥‥‥‥‥‥‥‥‥‥‥ 61
　　参考文献‥‥‥‥‥‥‥‥‥‥‥‥‥‥‥‥‥‥‥‥‥‥‥‥‥‥‥‥ 61
7　天然气的利用‥‥‥‥‥‥‥‥‥‥‥‥‥‥‥‥‥‥‥‥‥‥‥‥ 62
　7.1　天然气的消费 ‥‥‥‥‥‥‥‥‥‥‥‥‥‥‥‥‥‥‥‥‥‥‥ 62
　7.2　民用气 ‥‥‥‥‥‥‥‥‥‥‥‥‥‥‥‥‥‥‥‥‥‥‥‥‥‥‥ 63
　7.3　商用气 ‥‥‥‥‥‥‥‥‥‥‥‥‥‥‥‥‥‥‥‥‥‥‥‥‥‥‥ 66
　7.4　工业用气 ‥‥‥‥‥‥‥‥‥‥‥‥‥‥‥‥‥‥‥‥‥‥‥‥‥‥ 70
　7.5　发电 ‥‥‥‥‥‥‥‥‥‥‥‥‥‥‥‥‥‥‥‥‥‥‥‥‥‥‥‥ 77
　7.6　运输工具燃料 ‥‥‥‥‥‥‥‥‥‥‥‥‥‥‥‥‥‥‥‥‥‥‥ 79
　　参考文献‥‥‥‥‥‥‥‥‥‥‥‥‥‥‥‥‥‥‥‥‥‥‥‥‥‥‥‥ 80
8　天然气工业立法史‥‥‥‥‥‥‥‥‥‥‥‥‥‥‥‥‥‥‥‥‥ 81
　8.1　引言 ‥‥‥‥‥‥‥‥‥‥‥‥‥‥‥‥‥‥‥‥‥‥‥‥‥‥‥‥ 81
　8.2　早期的规章法令 ‥‥‥‥‥‥‥‥‥‥‥‥‥‥‥‥‥‥‥‥‥‥ 81
　8.3　联邦法规 ‥‥‥‥‥‥‥‥‥‥‥‥‥‥‥‥‥‥‥‥‥‥‥‥‥‥ 83
　8.4　州立法委员会 ‥‥‥‥‥‥‥‥‥‥‥‥‥‥‥‥‥‥‥‥‥‥‥ 89
　8.5　地方性法规 ‥‥‥‥‥‥‥‥‥‥‥‥‥‥‥‥‥‥‥‥‥‥‥‥ 92
　8.6　安全法规 ‥‥‥‥‥‥‥‥‥‥‥‥‥‥‥‥‥‥‥‥‥‥‥‥‥‥ 92
　8.7　天然气工业组织 ‥‥‥‥‥‥‥‥‥‥‥‥‥‥‥‥‥‥‥‥‥‥ 93
9　天然气市场与销售‥‥‥‥‥‥‥‥‥‥‥‥‥‥‥‥‥‥‥‥‥ 94
　9.1　引言 ‥‥‥‥‥‥‥‥‥‥‥‥‥‥‥‥‥‥‥‥‥‥‥‥‥‥‥‥ 94
　9.2　天然气市场发展简史 ‥‥‥‥‥‥‥‥‥‥‥‥‥‥‥‥‥‥‥‥ 94
　9.3　天然气管道市场与运输 ‥‥‥‥‥‥‥‥‥‥‥‥‥‥‥‥‥‥ 95
　9.4　天然气市场经销商与交易商 ‥‥‥‥‥‥‥‥‥‥‥‥‥‥‥‥ 96
　9.5　配气公司的市场 ‥‥‥‥‥‥‥‥‥‥‥‥‥‥‥‥‥‥‥‥‥‥ 98
　9.6　当今的天然气市场 ‥‥‥‥‥‥‥‥‥‥‥‥‥‥‥‥‥‥‥‥‥ 98
　　参考文献‥‥‥‥‥‥‥‥‥‥‥‥‥‥‥‥‥‥‥‥‥‥‥‥‥‥‥‥ 99

10 未来的天然气供应与需求 ·· 100

10.1 简介·· 100

10.2 目前的趋势·· 100

10.3 未来的供应与需求······································ 103

10.4 潜在的天然气资源······································ 105

参考文献··· 107

词汇表··· 108

引　言

　　自从人类在数千年前发现了天然气以来，它就成为整个工业化世界中绝大多数国家不可缺少的能源。许多国家都拥有自己国内的天然气资源，而一些国家则不然，比如日本，它所需要的天然气几乎全部依靠进口。绝大多数拥有丰富石油资源的地区也富含天然气，如俄罗斯、美国、

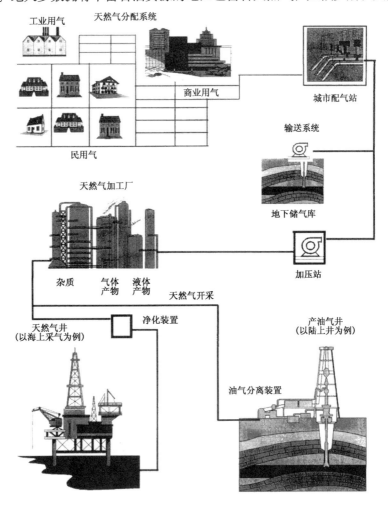

图 1　从天然气的开采到用户的途径示意图

中东、墨西哥、部分南美洲地区以及环北海的欧洲国家。

从技术角度来讲，所有天然气工业的主要过程都包括勘探、开采、加工、运输（用管线输送）、储存、分配和使用（图1）。这些内容将在本书的前7章中论述。即使在那些国内天然气资源贫乏的国家，它们的天然气也是通过管线或轮船运输的，然后以和美国及其他有着丰富天然气资源的国家相同的方式进行分配和利用。当然，一个成功的工业运作需要的不仅仅是技术与设备。为此，后面的章节介绍了市场与营销、政府的法规以及未来的天然气供应与需求。

美国的天然气工业是宏大的，包括数千口气井的天然气开采以及将这些采出的天然气通过数万千米不同口径的管线输送到全国每个角落。从投资规模来讲，作为美国最大的工业企业之一，天然气在全美国消费的能源中达到了1/4。天然气工业的兴衰对于美国整体经济的健康是相当重要的。

1 天然气的成因与发展史

1.1 天然气的性质

天然气主要由甲烷（CH_4 一种最简单的烃类物质）组成，还有一些较重的且更为复杂的烃类，如乙烷（C_2H_6）、丙烷（C_3H_8）和丁烷（C_4H_{10}）（表 1.1）。在家用、商用及工业中用做燃料的常见气体实际上是纯甲烷。天然气燃烧的主要组分——甲烷是一种无色、无味的气体（天然气的气味是人工加上的），其燃烧时产生一种白色的、发出弱光的火焰。

天然气是最清洁的可燃化石燃料，燃烧主要生成水蒸气和二氧化碳。甲烷还是用来生产溶剂和其他有机化学产品的重要原材料。丙烷和丁烷通常是从天然气中抽提出来的，而且分别销售。液化石油气（LPG）的主要成分是丙烷，是原始产出的天然气中一种常见的组分，不用管线输送。

通常，天然气还含有一些杂质，比如二氧化碳（酸气）、硫化氢（有酸味的气体）、水蒸气、氮气以及其他微量气体。由于二氧化碳不能燃烧，所以它会降低天然气的价值。然而，二氧化碳可以用来注入老（废弃的）油田，以提高采收率，所以，人们常常从天然气中获取它并作为一种副产品出售。氮气也可以用做油田充注气体，而氦气在电子制造业中是很有价值的，它还被用来充注气球和飞艇。

表 1.1 美国中部地区产出的天然气中平均烃类物质的含量

烃类	甲烷	乙烷	丙烷	丁烷
百分含量（%）	88	5	2	1

美国拥有世界上独一无二的氦气田——大型的 Hugoton-Panhandle 气田，氦气含量达 0.5% ~ 2%，该气田位于得克萨斯的 Amarillo 附近，被称为"世界氦气之都"，这种微量的气体在其他天然气藏中是不多见的。

硫化氢（H_2S）是一种剧毒气体，人吸入极低的浓度即可致命。极少量的硫化氢气体就可闻到，它发出一种臭鸡蛋似的恶臭味。"甜"天然气中的硫化氢气体含量达不到可以检测出的程度。由于硫化氢极具腐蚀性，所以它对天然气井中的管线、配件和阀门等有危害性。所以，在将天然气进行管线输送之前，必须除去硫化氢。除了应除去硫化氢与二氧化碳之外，在天然气进行管线输送之前，其中的绝大多部分水分也应清除。

1.2　天然气的形成与聚集

1.2.1　天然气的形成

几乎所有的天然气都是在地下储集层中发现的，且常常与石油伴生。天然气与石油是那些千万年前死亡的植物和动物遗体沉积到湖泊或海洋底部形成的。大部分的这种有机质在空气中被分解（氧化）并散失在大气中，但有一些则在被分解之前就掩埋了，或者在不流通的、缺氧的水体中沉积下来，不会被氧化破坏。

随着时间的推移，砂、泥和其他沉积物被石化了（被压缩成岩石）。随着这些沉积物的向上堆积，这些有机质就被保存在沉积岩内。最终，在这些不断积累的沉积层中，重量产生的压力和热力将这些有机质转变成了天然气和石油。沉积的"源"岩包括煤层、页岩及一些石灰岩，由于富含有机质而呈暗色。许多沉积盆地主要生成天然气。

煤是由木质在一定的温度与时间条件下形成的。木质与煤具有一种相似的化学性质——它们只能生成甲烷。这就是煤矿为什么危险而且能够发生爆炸的原因。钻井常常钻入煤层去勘探煤层气，这是当木质被转化为煤时常形成纯甲烷气。这种煤层气可以被煤层吸附并沿着煤的天然裂隙分布，这些裂隙一旦被破坏，先释放出水，然后放出甲烷。产出煤层气的盆地有新墨西哥州与科罗拉多州的 SanJuan 盆地和阿拉巴马州的 Black Warrior 盆地。

在其他类型的沉积盆地中，决定生成石油或天然气的主要原因是温度。在相对较浅的深度，温度尚未达到生成石油的高度，细菌的活动迅速地生成了生物成因（或微生物）的天然气，它们几乎全为甲烷（图1.1）。

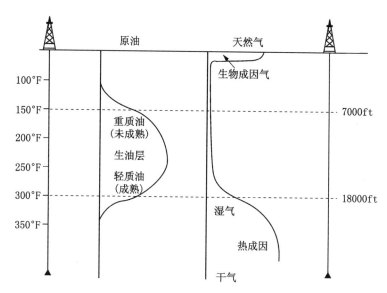

图 1.1 石油与天然气生成示意图（引自 Norman Hyne 所著《石油勘探与开发》，
PennWell，1995）

在通常说的沼泽气中，这种生物成因的天然气很难被保存下来，它们大部分渗漏到了大气中。然而，世界上最大的天然气田——西伯利亚的尤里根（Urengoy）气田就是生物成因的。那里天然气被圈闭在不具渗透性的封冻层（永冻层）之下，该气田的储量达 285×10^{12}ft³（8×10^{12}m³）。

在较深的层位和较高的温度下（高于 300 ℉ 或 150℃），可以生成热成因气。这种天然气可以被圈闭在地下的储集层内，储集层上面有一套非渗透性的"盖层"岩石，它可以阻止天然气向上渗漏。在一些天然气储集层中，高温会汽化较重的液态烃类。当天然气生成，而且温度下降时，这些烃类会重新液化并形成凝析油。这种液体几乎全是汽油，常常被称为天然汽油。在除去乙烷、丙烷和丁烷后，这种凝析油被称为天然气液化（NGL）。"湿"气是含有凝析油的以气体形态储存在储集层中的天然气（甚至在开采时依然保持这种状态），可一旦开采到地表，就成为凝析油。"干"气是纯的甲烷，其不论在储集层中还是在地表，都不会出现液体状态。

在更大的深部层位，如在 18000ft（5500m）以下的更高温深处，石油也会被转化为天然气和石墨（碳），发生了与炼油厂内相似的热"裂解"作用，在那里，较大的烃类分子被分解。在这一深度之下，储集层中仅有气体存在，绝大多数深井都是为了寻找天然气而钻探的。在许多深钻井进入砂岩天然气藏时都会发现，那些砂粒被碳包裹着。显然，原来的石油被埋藏得过深并被热裂解成了天然气。

关于天然气成因的一种不寻常的理论是无机成因学说（非生物形成），是由 Thomas Gold 提出的。他是一位天体物理学家，他提出的这一理论受到了石油工业界的怀疑。根据这一理论，无机成因的天然气是这样形成的：陨星撞击地球时所携带的碳与大气层中丰富的氢结合先形成了固态的烃类，然后被加热形成甲烷。如果这一理论成立，那么，地球就可能在更深的部位含有比目前人们想像的更为丰富的天然气资源，而且其分布的位置也不是目前所发现天然气的常规区域和层位。为了验证这一假设勘探人员在瑞士的 Siljan Ring 钻了一口深井，井位布在一块古老的变质岩脉上，但并未发现什么天然气。由于遇到了难以钻穿的花岗岩岩层，该井于 1989 年在 22824ft（6957m）的深度完钻。

1.2.2 天然气的运移与聚集

天然气有两种途径可以从其生成的烃源岩中被排出：一是随着岩石埋深的加大，压力增加，岩石被压紧，岩石中的孔隙空间被减少，天然气就被挤出。二是，随着天然气的不断生成，它的体积增加，岩石中就会产生裂隙，将气体排出。由于天然气的密度小，它会随着裂隙与断层面向上运移，或者沿水平方向运移，然后沿着可渗透性岩石层向上运移。这种来自烃源岩的天然气垂直于水平方向上的运动称为运移。

天然气在地下被圈闭需要有一些非渗透性的、分布在其上方的盖层岩石。如果在运移的途中没有圈闭，天然气就会向上渗透，最终散失到地表。实际上，地史时期所形成的天然气绝大多数并没有被圈闭住，而是散失了。这就是为什么许多探井无法产出天然气的原因。此外，由于这种运移，原来在地球较深部位生成的天然气可以在较浅的部位被圈闭。

一旦天然气运移进入了圈闭，就会聚集在圈闭的顶部并充填岩石内的孔隙。如果圈闭中也存在石油，与石油"伴生"的天然气或者在油层之上的储层中，或者溶解在石油中。伴生的天然气含有许多除甲烷之外的烃类物质。圈闭内"非伴生气"与油层并不接触。在非伴生气的井中，产出的天然气几乎全为甲烷。

含有天然气的储集层岩石必须是孔隙性和渗透性的。孔隙度是测量储集岩储集流体（天然气或石油）能力的指标。渗透率是测量这类流体流过岩石难易程度的指标。绝大多数储集岩是可以在"致密的"（低渗透率）的地层中被发现的。

1.3　天然气工业发展简史

天然气的发现历史已达数千年，但是，作为一种燃料，它直到最近才在我们的生活中变得重要起来，这种情况始于20世纪30年代。到了20世纪后期，天然气已经成为绝大多数工业化国家的一种独立的燃料资源。

早在公元前940年，中国古代劳动人民就利用一些空竹筒插入滨海来获取天然气了。当时人们用天然气煮沸海水，然后收集盐。一些专家说，当时的中国人可以钻深达2000ft（600m）的井。日本人的钻井记录大概出现在公元前600年。

还有一些古代的人们注意到了从地下散发出来的天然气并发现它们可以燃烧。人们在这些神秘的"永恒火焰"处特意盖起了庙宇，以供那些信仰和崇拜这些火的人们一同顶礼膜拜。后来的报道注意到"火柱子"和一种发泡的神奇水，它可以"像油一样燃烧"。无独有偶，乔治·华盛顿描述了一种"可以燃烧的喷泉"。但是，这种现象出现得并不广泛，直到最近，天然气才得到了实际利用。

1.3.1　天然气工业的诞生

天然气工业在美国和欧洲的出现并不是起源于天然气本身，而是"人造"天然气，这是一种加热煤炭而产生的气体。这种"煤气"（又被称为"城市气"）出现在19世纪早期，被用来点灯照明，改变了人们的生活方式。工厂从此可以有更多的工作时间，家庭成员可以在天黑以后在家中阅读报纸和书籍，而不必使用昂贵而危险的蜡烛照明。

William Murdon是一位英格兰发明家，他是最早认识到煤气是一种比煤炭更为方便的能源的人士之一，因为天然气可以用管线进行输送而且更加容易控制。在1792年，他就用煤气在家中点灯照明，当时他四周的邻居还以为发生了爆炸。Murdon继续从事他的开发、储存和纯化煤气的工作，他所在的公司（Boulton & Watt公司，以蒸汽机出名）开始在英国与法国的工厂中实现煤气照明。1802年，为了庆祝英国与法国缔结和平条约，伯明翰市全部用煤气灯照明，引发了天然气工业发展的风暴。

同时，在法国，Phillippe Lebon进行了通过加热锯木架、木头和木炭而产生气体的实验。在1799年，他获得了从木材中制得蒸馏气体的专利，他发明的天然气灯是最早的此类灯具之一，称为"热灯"，并于1802年在法国巴黎公开展示了自己的这一发明。然而，法国政府拒绝了Lebon关于大范围使用煤气灯照明的提议。而在欧洲大陆其他国家及英国，人们却对煤气照明产生了极大的兴趣。

一位德国企业家Frederick Winson，提出了关于生产更多的煤气并通过一套中心系统输送的工程方案。他创办了一个投资企业，以保证投资安全，并用这种煤气灯照明为英国女王祝贺生日。1807年，Winson在英国伦敦第一次展示了街头路灯照明，这也是世界上最古老的煤气灯装置之一。在与William Murdon争议之后，Winson于1812年创立了世界上第一个天然气配气公司。

早期的天然气配气系统采用木制管线，后来被金属管线（与海军的机枪枪管相似的方法制造）代替。一些城市和乡镇安装了中心气站并铺设管线，到1819年，伦敦已经铺设了近300mile（482.7km）的天然气管线，为50000多个灶具提供天然气。

在大西洋区域，美国的企业跟上了欧洲企业的发展。1802年，Charles Peale于设在Philadephia的独立大厦的历史博物馆中试验了天然气照明。他的儿子Rembrand Peale于1816年受雇到Baltimore天然气装配照明系统公司，在那里，美国建立了第一个天然气公用设施。与英国的情况相似，天然气的配气系统也使用木制管线。许多天然气公司很快就在美国东部几个大城市中成立了。新奥尔良建立了美国南部第一个天然气公司，加拿大的第一家天然气公司在蒙特利尔成立。

到了19世纪后期，在美国有近千家销售煤气的公司，所出售的煤气主要用于照明，而煤气已经在世界上许多大城市中使用了。煤气灯已经不仅限于工厂和街道的使用，而且进入了家庭、教学楼、公共场所，在这些地方，人们可以尽情地享受夜生活。

1.3.2　遭遇竞争

虽然，早在1815年，一种用于天然气测量的计量表就已经发明了，但绝大多数天然气用户所消耗的天然气在最初是不计量的。当时是根据用户所使用灯的种类和使用时间来记账付费的。用来测量用气量的煤气表于 1862 年在英国伦敦被发明，而这种早期计量表的基本原理目前依然在使用。在 19 世纪 90 年代，人们发明了一种投币式计量表，可以适应不同等级的煤气灯的计量和大量增加的煤气用户。

在 1855 年，当代最有意义的发明之一诞生了，这就是 Bunsen 燃烧炉，它可以产生灼热的蓝色火焰。这种炉具可以在燃烧前将空气与煤气预先混合在一起，在炉内煤气可以更加充分地燃烧，能够释放出更多的热量。这一原理向着天然气更大用途迈进了一大步。在 19 世纪，还出现了更加复杂的煤气制造工艺，它可以使煤气的照明性能更加出色。

但是，到了 19 世纪后期，这种新生的煤气工业险些被电力照明所扼杀，这包括 Thomas Edison（爱迪生）的电灯泡。Karl Auer（Baron von Welsbach）于 1885 年及时地发明了白炽天然气灯罩，才使得天然气工业免遭灭顶之灾。这种圆锥形的气罩（图 1.2）安装在煤气灯的火焰上，可以产生更加明亮的白色光，而早期的电灯泡发出的光则相对要暗一些。即使到了 1920 年，人们所生产的煤气中有 1/4 的还是被用于照明，而这种灯罩依然被人们使用着，同时也可以装饰煤气灯。

图 1.2   白炽煤气灯罩

当时另一项极有意义的进步是上推—惯流式炼焦炉的诞生（图 1.3），它是因炼铁和炼钢工业日益增长而导致高炉焦炭需求量大增的形势应运而生的。焦炭是一种固体，是制取煤气时炼焦过程中的副产品，它也可以用来进行室内加热。由于焦炭的用途，许多公共设施依然保持着"焦炭"的名称。到了 1920 年，炼焦炉所生产的煤气已经达到了所有人造煤气的 18.7% 之多。

天然气工业继续多元化发展，天然气的用途已远远不止点灯照明。在美国，最早的天然气计量仪于 1840 年左右出现，到了 1897 年，一种现代化的天然气用具诞生了——Goodwin 公司制造的 Sun Dial 型炊具（图 1.4）闪亮登场。在 4 年内，第一家完全使用天然气设备的商店于 1887 年在美国的罗德岛开张了。这些天然气设施公司的出现使得天然气炊具得到了大发展与极大的成功。到了 1900 年，天然气做饭已经成为该工业最为重要的用途。

图 1.3　上推—惯流式炼焦炉

图 1.4　Goodwin 式炊具

这些进展还在利用天然气热水方面产生了极大的推动。在 19 世纪 60 年代初期，燃气炉被用于加热储水罐。循环式热水器这种便宜而有效的设施首次出现在 1883 年，随后的几年中出现了带有热力学控制的热水器及自动控制的热水装置。

1.3.3　从人造煤气到天然气的过渡

在 19 世纪早期，用于钻取水和卤水的井偶然会产出天然气。在绝大多数情况下，这种气体被认为是一种讨厌的东西，因为它会干扰这些水井的正常出水。通常，人们仅仅尝试着小规模地利用天然气。1821 年，在纽约的 Fredonia，一位名叫 William Hart 的军械工人钻成了美国历史上第一口天然气井，完井后他用一个大桶罩了在井口上，从这口浅井（27ft，即 8.2m）产出的天然气用几根木制的管子引到井口附近的家中。几年后，天然气被用于城市的街道照明，以表达对 Lafayette（拉法耶特）将军到访的敬意。

从 1830 年到 1840 年，人们又在宾夕法尼亚、纽约和西弗吉尼亚等地钻成了几口天然气井，包括位于乔治·华盛顿附近的"燃烧的泉水"一带钻成的一口 1000ft（300m）的深井。这口井中的天然气具有足够的压力把 150ft（50m）高的水柱射到空中。这一时期，天然气的使用还仅限于气井四周的用户，其主要原因就是早期的输气管线无法长途输送。

第一个天然气公司于 1865 年在 Fredonia 成立时，人们已经在宾夕法尼亚的 Titusville 发现了石油，那是世界上第一口成功的石油钻井。在随后的石油钻井中，钻井工人尽量避开天然气。如果没有输送管线之类的设备，这种钻井技术是难以控制和使用的。钻井时，采出的石油用马车等运离油井。而在钻采石油的过程中所发现的天然气是无法控制的，但技术人员可以将这些井放喷数周或数月，以期最终能够采出石油，与这些石油一同产出的天然气通常被点火烧掉。

在宾夕法尼亚州，天然气最早被应用于钢铁工业，这也刺激了天然气的应用，尤其是在 Pittsburgh 地区的应用。这儿，好几家公司组织起来，将天然气进行短途运输，抵达州内各个钢铁厂。1885 年，Andrew Carnegie 注意到，每天用于钢铁制造业的天然气可以代替 10000t 的煤炭。然而，这种"繁盛"是短暂的，因为已经探明的天然气很快就被耗尽了。到了 1900 年，Pittsburgh 的钢铁工业又回头使用煤炭了。

在接下来的 25 年中，天然气的供应依然没能恢复到以前大发展的势头。一些早期开发的天然气田迅速地荒废了，而且，一些修建得很差的管线也出现了裂缝。到了 1920 年，这种颓势得到了遏制，但是在一些油田中，依然有大量的天然气被烧掉了，这种情况一直延续到 20 世纪 50 年代初期。

1.3.4 输气管线的延伸

随着管线技术的进步和天然气发现量的大增，天然气工业渐渐地开始了再次发展。1870 年，在纽约的 West Bloomfield 钻井过程中发现了高产的天然气流。虽然一开始这些天然气被烧掉了，但后来终于通过第一条"远距离"管线被输送到了 Rochester（图 1.5）。这条管线是用松木材料制造的，仅长 25mile（40km），而且其直径还不到 1ft（30cm）。

图 1.5　早期管线中向 Rochester 输送天然气的木制管子

天然气的高压输送始于 1891 年，是由印第安纳州石油天然气公司完成的，由两条长达 120mile（198km）并行的天然气输送管线构成，从印第安纳气田铺设到了芝加哥。这两条管线中的天然气输送压力达到了 525psi（3620kPa）。到 1907 年，该气田大量开采的天然气和所有被烧掉的天然气都实现了管线输送。

当得克萨斯州、俄克拉何马州和路易斯安那州发现了大量的天然气后，人们就采用了管线输送，将天然气输送到附近的市场。出于经济和技术上的原因，长距离的天然气输送依然没有被提到议事日程上来。而且，向美国的东部和西部的天然气输送依然受到了铁路和其他一些将会因燃料竞争而失去市场的人们的抵制。

但是，当 20 世纪 20 年代引入无缝钢管以后，天然气的输送就开始了蓬勃的发展。采用无缝钢管制成的管线可以将天然气在更高的压力下输送，因此可以使输送的天然气量大增。1911 年，氧乙炔焊接技术的引入实现了钢管的长距离焊接，而且还开发了大体积天然气的测量技术。A. O. Smith 在 1927 年发明了高强度的电焊接管线技术。

天然气的长距离输送使天然气的价格下降并使其具备了与其他燃料更大的竞争性，这也使得天然气的用途大增，可用于空间加热。

当然，天然气的这种运输证实了铺设更多输送管线的必要性，包括铺设并行的双管线，以便为已经使用了天然气的城市提供更多的用气。为了避免那些早期产出天然气田的枯竭，并进一步满足用户对天然气的需求，一些联合公司应运而生，实现了从天然气开采、输送、分配再到用户的一条龙服务。在 1925 年之前，最长的输气管线为 300mile（500km），而到了 1931 年，人们就修建了多条长距离输送系统。

由于 1929 年的经济衰退和第二次世界大战中对钢铁使用的限制，在 20 世纪 30—40 年代，天然气的管线建设出现了暂时的停顿。在这一时期，美国的天然气工业几乎全部限于对人造煤气的配送方面，而那些容易发现大型天然气田的区域则是例外。

在那次经济衰退时期，几乎没有制造什么与天然气工业有关的设备，所以，第二次世界大战对燃料的极大需求，使得绝大多数生产天然气的公司极度缺乏。那些曾经被斥责为过时的工厂也纷纷重新上马。但是，二战结束之后不久，经济迅速复苏，而且长距离的输气管线的铺设也得到了大力发展。到 1950 年，天然气管线的长度就超过了输油的管线。

参 考 文 献

"The Gas Range and How It Grew" *Control Tower* 2，6-7（1960）First Quarter.

Harper，R. B.，"Outline History and Development of the Gas Industry" Unpublished notes by the author，1942. IGT Technology Information Center.

Hilt，L.，"Chronology of the National Gas Industry" American *Gas Journal* 172，29-36（1950）May.

"How Man Made a Substitute for the Sun"，*Baltimore Gas and Electric News* 5，272-35（1916）June.

Hunt，C.，"Gas Lighting"，Vol. III 232，300，in *Chemical*

Technology, Groves, C. E., and Thorp, W., Eds.

Hunt, C., A *History of the Introduction of Gas Lighting*. London: W. King, 1907.

Hyne, Norman J., *Nontechnical Guide to Petroleum Geology, Exploration Drilling and Production*. Tulsa, OK: PennWell Publishing Company, 1995.

Norman, O.E., The Romance of the Gas Industry. Chicago: A. C. McClurg and Co., 1922.

"Step Taken in Third Era to Eliminate Gas Waste," Oil & Gas Journal 33. 115-16 (1934) August 27.

"The Story of Gas," (12-part series) .*A.G.A. Monthly*, July/August 1975 ff.

Stotz, L., and Jamison, A., *History of the industry*. New York: Stettinger Bros., 1938.

Suttle, R. R., "Chronology of the Southern Gas Industry 1802-1957," *American Gas Journal* 178, 29-33 (1955) May.

Travers, Bridget, Ed., *World of Scientific Discovery*. Detroit: Gale Research Inc., 1994.

2 勘探原理、工具与技术

2.1 天然气在地下是怎样成藏的

世界上绝大部分油气资源（石油与天然气）是深藏在地下形形色色的圈闭中的。随着时间的推移，岩石层被压缩，增大的压力使得这些圈闭中的油气或者上升或者下沉，或者从圈闭内的一侧运移到另一侧。岩石还会在风化与侵蚀作用下被分解破坏，并被搬运然后再沉积。在所有这些地质变化中，天然气能够被圈闭在地下的储集层内，或者分布在一些产出天然气或石油的分隔相带中。具有储集能力的岩石必须足以"像海绵"（多孔隙）一样以储存油气，而且这种岩石内的孔隙之间必须相互连通（渗透性）以保证天然气的流通。

除了具储集性能的岩石之外，天然气与石油的聚集取决于有机质向烃类的转变、允许油气运移进入储集层的通道以及相邻的盖层岩石（以便将油气围住并阻止其进一步的运移）。在单一的储集层内的天然气具有特殊的性质，但是，在同一个天然气田中的不同储集层中的天然气性质彼此之间则可能有极大的区别。

2.1.1 构造圈闭

构造圈闭是岩石在压力和其他地质营力的作用下发生变形或断裂而形成的储集岩层。在绝大多数情况下，含有油气的地质构造称为背斜，在背斜内，岩层缓缓地向上弯曲，形成了一个在顶部含有石油的拱形构造。如果岩石层向下弯曲，而不是向上隆起，这种构造称为向斜。穹隆也是向上隆起的，与背斜相似，这两种构造都形成了储集岩石层的高点。这些构造是被地质家们最早认识到的油气圈闭类型。穹隆与背斜往往是不对称的，而且含有多套产气层。

当岩石层被断开且大套的岩石层发生了相对移动时，这种构造称为断层。断层是根据岩石层段向上和向下的移动（倾向滑动）或侧向移动（平移断层）来进行分类的。图 2.1 给出了各种油气圈闭的类型。

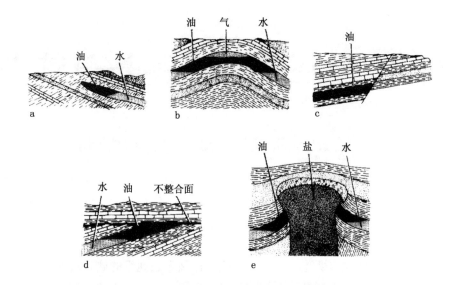

图 2.1　含有石油与天然气的地质圈闭

通常，一条断层会切过一个圈闭并把它分割成几个彼此相互封闭的小单元。逆断层是由挤压力产生的，表现在地表的形态就是山脉。在这些地质构造中，一侧岩石被向上推覆并压在下伏的一侧岩石上。洛基山脉就是由一套被称为逆冲断层的断层构成的。

断层还可以造成一些细颗粒的沉积岩（比如页岩与白垩岩）的渗透率增加，因此也可以形成天然气的圈闭。虽然这些岩石是多孔隙的，但它们缺乏允许天然气进入圈闭的渗透率。当断层使这类岩石产生了渗透性后，它们就可以形成储集岩。

2.1.2　地层圈闭

除了构造圈闭之外，还可以在地层圈闭中发现石油。在这种圈闭中，天然气和石油是被封闭在地层或岩石层内的。当岩石的孔隙度或渗透率发生改变时，就会阻止天然气运移出岩石，进而形成圈闭。一般而言，地层圈闭要比构造圈闭难以被发现。

在储集岩的沉积过程中，比如当砂岩在河床上堆积或碳酸盐岩生长，插入水下生物礁内时，就会形成地层圈闭。一个地质过程的循环——缓慢地沉积、波动、出露地表遭受风化、剥蚀，以及沉积岩的再沉积，就会形成"地层角度不整合"（图 2.2），如果被一套非渗透性的岩石盖层覆盖的话，这种圈闭就能够保存大量的石油和天然气。

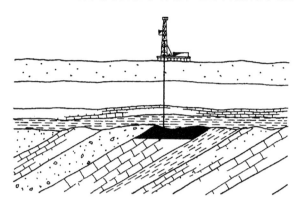

图 2.2　角度不整合圈闭（引自 Norman Hyne 所著《石油勘探与开发》，PennWell，1995）

2.1.3　复合圈闭

复合圈闭含有构造与地层两种要素。北美大陆最大的天然气田——Hugton-Panhandle 气田就是一个复合型圈闭，该气田延伸过得克萨斯州、俄克拉何马州和堪萨斯州，最终产出 70×10^{12}ft³（2×10^{12}m³）天然气。该气田的面积巨大，长度可达 275mile（443km），宽可达 8 ～ 57mile（13 ～ 92km）。

盐丘是另外一种复合型圈闭，它是由大量的盐从下部上升，插入上覆的沉积岩层，并形成一种栓塞状的构造。在墨西哥湾及其沿岸的滨海平原底部的沉积岩中，发育了数百个这种盐丘构造。

在具有非常复杂的地质构造的碳酸盐岩储集层内，可以储存极为丰富的天然气。这些储集层是远古时期水流将岩石溶解并在地表形成的岩洞构成的。这些岩洞渐渐地被掩埋并最终塌陷，产生了大量的断裂并形成了“古洞穴系统”。这些系统能够形成分隔的单元或者陷坑并形成更大的、与断层相连接的岩石带，进而形成一套复杂的、多因素成因的、面积可达数千米的储集层。

2.1.4　勘探远景区及详探区

当地质家证实一个含有商业性天然气与石油的区域时，他们称之为

"远景区"。远景区包括探明储集岩、圈闭和盖层或者其他类型的封闭组合情况。而"详探区"是指这些已经证实了的远景区和那些可以发现更多的油气田的地区（图 2.3）。

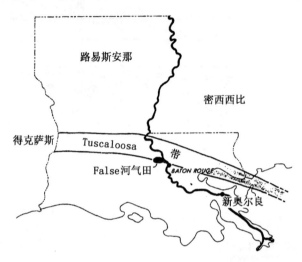

图 2.3　含有深部湿气的 Tuscaloosa 带（引自 Norman Hyne 所著
《石油勘探与开发》，PennWell，1995）

预测就是确定何处是布置最佳地质与经济意义的一口探井的地点。四种地质因素决定了在一块特别预测区的成功与否：①能够生成石油或天然气的烃源岩；②能够储存天然气的储集岩；③能被封闭的岩层；④正确的时代确定。这种圈闭必须在天然气从该区域运移出去之前形成。

2.2　勘 探 技 术

在石油工业的早期，勘探所使用的就是铁锨和镐头这类简单的工具，石油和天然气往往是偶然被发现的。探井也是随意钻的，或者在地表出露的天然气苗附近钻一口井也可以获得较大的成功。

然而，到了近代，人们使用各种先进的技术勘探天然气。这些技术可以分类为地质学、地球化学、地球物理等方法。这些方法用于寻找具有孔隙和渗透性储集岩的地质圈闭。一般来讲，这些储集岩主要是古代的湖泊、河流和海洋中沉积形成的砂岩和碳酸盐岩类。

2.2.1   地质学方法

地质勘探技术包括绘制地表与地下的构造地质图、采集岩石样品等。地形图是用来表示地球表面演化的图件，用等值线来表征相同的高度。

一些地质图上标出了何处有岩石层的"露头"，或者它们在地层表面的分布。这些图是平面的，用两维图形来表示地球的表面，第三维表示岩层的方向，用一种称为"走向与倾向"的符号来表示，它可以显示岩石层面的水平与垂直方向。

用于地质制图的基本的岩石层是组，它具有标志明显的顶与底。地壳中的所有岩石都被地质学家划分到了组。每个组具有一个两重含义的名称：①它的地理分布位置，通常是一座小城镇的名称；②它的主要岩石类型，比如砂岩或灰岩。为了表示这些岩石层的垂直序列，地质家使用了地层柱状图，在这种图上，最年轻的地层出现在顶部而最古老的地层在底部（图 2.4）。

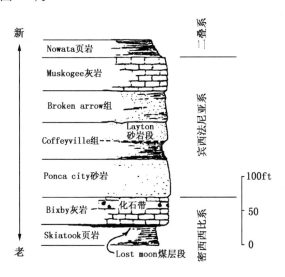

图 2.4   地层柱状图（引自 Norman Hyne 所著《石油勘探与开发》，
PennWell，1995）

除了对地表或近地表的地质构造进行制图之外，地质家还用等值线来表示地下的构造。这些地下的地质图件包括三种重要的类型：

（1）构造，表示岩石层的高程；

（2）等值线，表示岩石层的厚度；

（3）岩相，表示在单一岩石层内的相变。

除了地质制图之外，地质家还从地下岩石层中提取岩心并收集"岩屑"。岩心和岩屑提供了极为有用的、可供评价岩石组的岩相学、烃含量以及储集层和产出天然气能力的信息。地质家用这些样品来确定地下岩石层形成的条件并评价这些条件是否有利于油气的生成、聚集和成藏。

不论何人所钻，大量的来自钻井的地下资料最终都会公开的。法律要求一些井的"测井"记录在一个特定的时间内解密（这个时间跨度从数月到数年不等，取决于具体的地域）。这些可能来源于钻井的地质信息亦可用于其他研究，比如水、盐、煤和其他矿产。

地质信息的另外一个重要来源是当地的测井资料图书馆。几乎每个县一级的钻井区域都有一座测井图书馆，但要成为其会员须付费。同样，这些图书馆还收集其他的钻井资料，比如钻井的岩屑和岩心。通常，这些资料是可以免费查询的。

为了帮助勘探地质学家，天然气工业已经汇编了一些尚未开发区域的资料。许多天然气盆地的图件已经出版，以减少或避免对天然气储集层的重复制图工作。这些图件和相似的数据库包括了 6 个区域的天然气勘探：落基山脉、阿巴拉契亚山脉、得克萨斯、墨西哥湾、东部与中部的海湾沿岸以及中部大陆区。在这些出版物中所收集的数据有助于人们了解这些具有最大勘探潜力的区域和已经发现的天然气田中那些最有可能找到尚未发现油气的地域。这些图件还有助于揭示构造与岩石类型的组合特征。

2.2.2　地球化学方法

地球化学方法的基础是对地表和地下油气储集层之上或者附近的细菌与化学组成所进行的分析。这种组成往往会因地下油气极为缓慢地向地表渗漏而发生改变。对采自这些区域的土壤或者水样品的地球化学分析，如果发现了微量的烃类物质，则可以表征下伏岩石中油气的存在。在许多情况下，出现在地表的极少的油气苗都可以由肉眼发现。这种"微油气苗"常常以一种被称为"油气晕"的圆形出现。

一种用于准确确定烃源岩成熟度的地球化学方法是镜质组反射率。镜质组是在页岩中发现的一种来自植物体的有机质类型。将烃源岩抛光，然后在显微镜下观测镜质组的反射率。镜质组所反射的光的百分比取决于烃源岩的成熟度。镜质组的反射率可以表征是否有天然气或者石油已经生成。

2.2.3 地球物理方法

地球物理勘探是由美国人 Everette DeGolyer 最先开展的。他于 1924 年探明了一个含油的盐丘。他还发明了一种名为地震反射的地球物理技术，该技术迄今依然是勘探地质家最重要的工具之一。地震技术和其他地球物理方法能够使地质家确定岩石层的深度、厚度与构造，并评价它们是否能够圈闭油气。实际上，地震技术使得地质家可以"看到"地球表面之下的情况（图 2.5）。

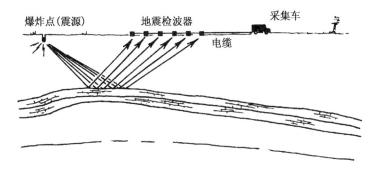

图 2.5 陆上地震勘探方法（引自 Norman Hyne 所著《石油勘探与开发》，PennWell，1995）

地震反射技术揭示了地下的构造，其原理是以爆炸的方式产生强烈的声波（地震波），然后检测这些波是如何被地下的岩石反射上来的。地震技术通过产生一幅地下岩石层的影像而帮助勘探家发现油气圈闭。在过去的几十年中，油气勘探领域最伟大的进步就是使用计算机获得地震数据并进行分析。这些进展提高了在越来越大的深度显示更加清晰的地下构造影像。

在油气勘探中所使用的地震设备就像安装在一条小船上的一台深度探测器，它发射出周期性的声波束，这些声波束又被海底反射。深度是由这种声音发出以后并被反射回来的时间来确定的，不同的物质反射声波的速度不同。设在地表的检测器记录了来自地下的信号，其中一些不需要的噪声则必须被滤掉。

在陆地上，产生地震能量的最常用的方法是爆炸和振动。炸药是最早使用的地震源，当然，还使用了一些其他的地震源，比如导爆索等。

然而，爆炸是危险且昂贵的，这就是 Conoco 发明 Vibroseis™ 仪器的原因。这项技术使用了装备有一台振动器的卡车，在卡车的底部有多个液压发动机。从卡车的前方向地下伸出一个踏板，该踏板承受了卡车的全部重量。然后，液压发动机用这些重量来撞击地面，由于这种装置便于携带且可在许多区域使用，所以是十分方便的。

地震能量向下穿过岩石层，一部分能量以一种反射波的形式被反射回地面，剩下的能量继续向下运动，直到被更深部的岩石层所反射或消失。反射波被设在地表的地震检波器接收，从而确定声波到达每层岩石顶部的时间。震源和地震检波器的位置由勘探人员确定。

在海上的地震作业与陆地的作业原理相同，但所用的工具却不同。通常用空气枪产生地震能量，将高压的气泡射入水体中，由 Loran 无线电发射器或全球定位系统（GPS）来完成勘探。其震源用船发射，采用水下地震检波器检测。

地震监测的结果被记录下来用于分析地下的岩石层。岩石层的任何变形，比如倾斜、断层或褶皱等，在地震记录上都可以清晰地反映。"亮点"常常可以成功地揭示天然气盖层的位置。亮点是地震剖面上一个强反射区域（图 2.6）。这是地震能量中大约 20% 的反射波所产生的。然而，并不是所有的亮点都是具有商业性开发的气藏。另外一个指标是扁平点，它是一个气—油或气—水交界面的反射波。

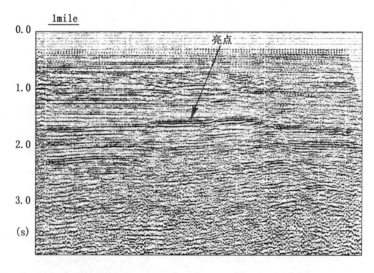

图 2.6　海湾地区一个天然气田的地震记录（由 Vibroseis™ 获得）（引自 Norman Hyne 所著《石油勘探与开发》，PennWell，1995）

地震技术的最新进展是 AVO（振幅随炮检距变化），这可以加强地表地震数据亮点分析的能力。另外一项进展是 GRIP。地下地质学常常表现出构造与岩性的复杂性，这会掩盖勘探目标。GRIP 方法通过将地质信息直接加入地震勘探设计而增强地震成像的分辨率。

除了二维的地震成像方法之外，地质家还能够使用三维技术，它可以给出一个三维的、高清晰的地下地震图像。该方法与 CAT 扫描（计算机辅助层析成像）技术相似，还与 MRI（磁共振成像）技术相似，二者都是用来获得人体内部影像的。三维技术正在帮助地质家学会如何校正那些由于岩石的厚度与压实之间的变化而产生的噪音（不需要的信号）。

另外一项进步是"联井"地震技术，即在一口井中发射地震能量，在另一口井或相邻的多口井中安置信号接收器。所获得的数据影像可以用来确定钻井之间的岩石特征。连井地震成像的分辨率要大大高于地表地震数据的分辨率。连井地震成像已在石油勘探中获得了成功，但是在天然气勘探中仅仅在近期才开展应用的。

除地震技术之外，地球物理方法还包括了重力与磁力的测量。地质家们的重力计揭示了地下重力的变化，而磁力计则可以测量出地球磁场的强度与方向。

重力计对地下岩石的密度是非常灵敏的。它可以测出密度相对较小的岩石，比如盐丘或多孔的珊瑚礁，也可以灵敏地测出密度较大的岩石，比如一个盐丘或背斜的核部。磁力仪主要用于测定基岩层的海拔高度。磁力仪数据被用于推测充填在盆地中的沉积岩的厚度并判定基岩的变形程度。

2.2.4 建模

在上述所有技术都存在局限性的情况下，勘探地质家又转向使用数学模型来对地下地质构造和沉积条件进行"成像"。为了精确地建立这些计算机模型，勘探家将钻井数据与地球物理信息汇成一幅假设的地下图像。最新的进展已经极大地增加了计算机建模的成功率。

2.2.5 探井

地质学、地球化学和地球物理技术无论达到何等的精度，也仅仅能够做到确定在何处能够发现油气的沉积岩。证实地下有油气真正存在的唯一方法就是打一口井并检测靶区地层所含物质的性质。

由于钻井是非常昂贵的，用各种勘探技术所获得的资料往往要进行对比，以供选出最可能的位置。发现了新的油气的钻井称为探井或"野猫井"。一口野猫井的费用从 100000 ～ 15000000 美元。即使地质家做了大量的前期工作，也仅仅有 15% ～ 20% 的钻井能够发现有商业价值的油气。

如果一口野猫井发现一个新的气田，它就被称为该气田的发现井。一个气田的最终范围是在其发现井四周钻更多的探井来确定的。一旦气田被确定，就要打一些井来进行开发或者增加其天然气的采出率（打加密井）。钻井人员用来评价井的生产能力的方法将在第 3 章"钻井、开采与处理"中讨论。

2.3　最新的天然气勘探目标

在 20 世纪 70 年代初期，工业界由于石油输出国组织（OPEC）决定减少石油的出口量而经受了一场经济震荡，引起了能源价格猛涨。这导致了能源危机并迫使许多工业化国家减少它们对石油、天然气和其他能源的消耗，人们的生活方式也发生了戏剧性的变化。为了减少汽油的消耗，小轿车也变得更轻了；为了限制用于加热和制冷的能源消耗，楼房也据此进行了改建，几乎所有的工业生产都进行了改造，以更加高效。

由于这一经济转型的结果，人们突然对许多边缘性油气资源产生了浓厚的兴趣。人们开发了许多勘探与开采技术，用来开发这些资源并增加了世界能源的供应。虽然经过很长的时间后，能源的供应已经恢复到了更为合理的水平，但这些技术依然是有用的，而且一直在进步着。那些曾被认为是无经济价值的天然气资源包括了天然气页岩、致密的（低渗透率的）天然气砂岩和煤层气（煤层甲烷）。

富含有机质的页岩覆盖着美国东部和中部的大片区域。在 20 世纪 70—80 年代，勘探的靶区集中在密西西比和密歇根盆地的 Antrin 天然气页岩。据天然气研究所推测，关于天然气页岩的研究已经增加了 $2 \times 10^{12} ft^3$（$600 \times 10^8 m^3$）的可采储量。

同样，对致密的天然气砂岩的勘探已经探明了一个大气田，它是美国国内尚未开发的天然气储量最大的气田之一。初步的勘探靶区被锁定在怀俄明和科罗拉多的 Greater Green 盆地，研究工作已经集中于如何增加那里的砂岩的渗透率了。

煤层气是由木质被转化为煤炭的过程中形成的纯甲烷气。传统上讲，煤层气被认为是一种罕见的天然气，而且无人能够指明如何经济有效地开采它。自从 20 世纪 70 年代以来，地质学家已经认识到了这种天然气形成的机制，使它成为一种良好的勘探对象。采自煤层中的天然气已经从 80 年代的几乎为零，发展到现在的每年近 $1 \times 10^{12}ft^3$（$300 \times 10^8m^3$），占到了美国天然气年产量的 5%。

另外一种是 20 世纪 90 年代发现的，产自极深井中（深度可达 15000ft（5000m）甚至更深）的天然气资源。这种天然气资源很难被发现并开采，因为它储存在地球的深部，那里的压力与温度都极高。

参 考 文 献

Cicchetti, E., "The Quest in Exploration Research：To Reduce the Cost of Finding Natural Gas", *Gas Research Institute Digest* 19, Winter 1997/1998 (No.4) pp.18-21.

Hyne, Norman J., Nontechnical *Guide to Petroleum Geology, Exploratioin, Drilling and Production.* Tulsa, OK：PennWell Publishing Company, 1995.

Travers, Bridge, Ed., *World of Scientific Discovery.* Detroit：Gale Research Inc., 1994.

3 钻井、开采与处理

3.1 钻井与开采的基本步骤

当某一区块被确定为具有天然气生产有利的地质与经济条件之后，就开始了对天然气的钻探工作。在得到地方法律对钻井的许可之后，作业者就开始钻前的准备工作，清理路面。一旦钻井完成了，还进行测井作业，以确定含天然气的层位。这些测试还可评价岩石的孔隙度与渗透率。

如果一口井完钻了，其裸露的井底就被安放套管，或者用金属的管子将井孔与岩石之间封闭起来。一口井的完钻还包括用水泥或其他材料进行固井作业。然后，对这些完钻的井进行射孔作业，将套管和水泥或其他材料射穿，使得天然气流进入井孔。最后，将直径较小的套管插入井中，将进入井口的天然气引至地面。

对于那些靶区地层渗透率较低的天然气井，就需要一些额外的作业工序，比如压裂。此外，若进行海上钻探，尤其是在较深的水域的钻探，则需要使用不同的钻井装置和操作流程。

3.2 钻 井 机 械

由地质家、地球物理家和工程师选定钻井井位和该井的钻探目标（或者潜在的储集岩石层），估算出该井究竟需要钻多深才能达到目的层。在美国，平均的天然气井钻探深度为5800ft（1800m）。然而，对于不同的区域、不同的岩石性质和其他因素的控制而言，钻井深度是大不相同的。

3.2.1 前期准备

在美国，钻探作业者必须认清土地矿产产权的拥有者以及相应的土地所有者，两者是不同的人士。在美国，土地上的1/3矿产所有权拥有者是联邦或州政府。在其他国家，联邦政府拥有土地矿产的所有权。作业者必须获得签发给他们的在限定时间内进行天然气勘探、钻井和开采的许可证。矿产权拥有者可以获得一份由公司付给的矿区使用费，这笔费用取决于钻井和生产费用等全部费用的百分比。

在美国的海域，州政府拥有从岸边算起向海延伸的 3nmile 区域内的矿产权，而联邦政府则拥有外大陆架到深约 8000ft（2440m）海水深度处的海底矿产权。

钻井设备通常由承包商拥有并使用，他们同意在某个特定的深度和目的层钻探。在勘探确定井位以后，就应挖掘一个巨大的钻井液池并用塑料绳围住。这个钻井液池用来装不需要的钻井液（黏性流体）、岩屑以及从钻井中返上来的其他杂物。如果所钻的是一口浅井，所有的钻井设备用几辆卡车或工具车就可运走。反之，就要用集装箱来将其运至其他井位。

3.2.2　顿钻钻井

顿钻钻机已经使用了好几个世纪了，用来钻探淡水或因盐分蒸发而形成的卤水。顿钻钻井的操作相对要简单一些。在钻进中，用像凿子一样的钻头由一根连接在钻塔或钻台上的绳索牵引着，向下撞击，击碎岩石。由一台发动机带动着一根木制游梁向上、下运动，提升并放下钻头。顿钻的钻进速度极慢，而且井孔很快就被碎石渣子充填了，在下套管时，需要将钻具提上来，钻进才能重新开始。由于这些缺陷，人们已不再用顿钻来钻探天然气井了。

3.2.3　旋转钻井

旋转钻井技术在 1895—1930 年间在世界各地广泛使用。到了 1950 年，大约有一半的钻井都开始使用旋转钻机技术进行钻探。与顿钻钻井相比，其最大的长处是速度——旋转钻井技术每天可以钻进几百至数千英尺。

在旋转钻进中，钻井设备配备了一个在顶端安有钻头的长长的钢管。这个钻头旋转着进入地层并形成一个井眼或井孔。这种钻机所配的发动机功率可达约 1000 ~ 3000hp（750 ~ 2200kW）。发动机安装在钻机平台的地板上，带动钻杆旋转。

钻机的旋转系统（图 3.1）包括钻柱（旋转的钻杆、钻头和相关设备）以及"方钻杆"——一节方形的钻杆，由旋转盘带动着旋转。钻杆

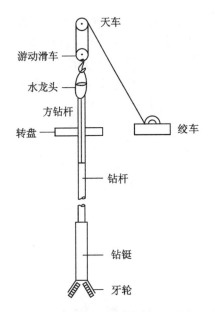

图 3.1　钻机的旋转系统（引自 Norman Hyne 所著《石油勘探与开发》，PennWell，1995）

以经热处理的无缝钢管制成，其标准长度为 30ft（9m）。钻机的接头处有螺纹，以便相互对接，深入井孔。

绝大多数钻头的外形像三个圆锥组合在一起，在每个圆锥的边缘都有齿（图 3.2）。钻头在较浅的地层中旋转得较快，而随着钻进深度的加大，旋转速度就会慢下来。钻铤的一些重量加到了钻头上，单位受力为金刚石的每英寸上承压 3000 ~ 10000psi（8144 ~ 27142kPa/cm）。每个钻头的平均工作寿命为钻进 40 ~ 60 小时。为了更换钻头（一个解扣程序），必须将钻杆拔出井孔。

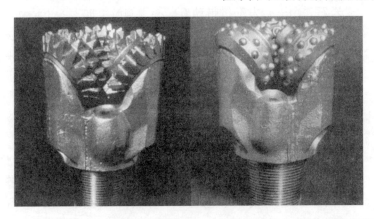

图 3.2　三牙轮钻头的金属齿（引自 Norman Hyne 所著《石油勘探与开发》，PennWell，1995）

当钻头向下钻进深入到岩石层时，为了清洗并润滑旋转着的钻头，在井孔中有钻井液在循环着。这种钻井液是黏土、配重物、化学添加剂和水或油的混合物，钻井液用泵抽入钻杆，通过钻头进入井孔，然后，通过正在旋转的钻杆与井孔的井壁之间的空隙返回地面。被钻下来的地下岩石的岩屑也随着这些钻井液被带出井孔。

除了润滑钻头之外，钻井液还起到了用固体的黏土颗粒（钻井液饼）加固井壁的作用，这有助于支持松散的地层并封闭岩石的含水层。要经常检测钻井液的浓度、黏度和其他特性。通常，遇到钻井问题需要将大量的化学添加剂（"小段塞"）加入钻井液。钻井队长是钻井公司的雇员，他与那些船上的船长拥有相似的权力。钻井队长负责所有钻井作业，而且通常整天都工作生活在钻井现场。其他的关键作业者是钻井流体工程师（"钻井液工程师"——常常是某家石油现场服务公司的代表），负责每支钻井队的交接（值班），架工是在海上钻井时的装卸工，他负责安装设备及钻机的安装与拆卸。

3.2.4　常见的钻井问题

钻井要冒风险，钻一口没有天然气的干井，最常见的问题之一是井孔内发生了断裂，比如一片钻头或钻杆折断或者脱落掉入井下，或者发生了其他工具的弯曲等。这些金属片称为落鱼。因为钻头不能穿透这些落鱼，所以一旦出现此类事故，就必须停钻，直到请服务公司使用一些特殊的工具将它们"捞"上来才可开钻。

其他一些钻井问题是由于地下的高压所导致的。随着钻井的加深，这种风险越来越大。在钻进时，钻井液的压力要略高于其上覆水的静压力，这样会形成一种平衡的状态，阻止了其他液体向井孔内的进入。

当遇到地下一些意想不到的高压时，天然气或水会涌入井孔内，稀释钻井液，并减少它的压力。这种现象称为井涌，它会导致更坏的情况发生，甚至发生井喷。为了避免这些事故发生，在钻井的井口处安装了防喷器，用来关闭井口。

井涌和井喷可以用许多种方法在地表进行监测，比如监测钻井液。当监测到井涌时，要用防喷器及时关闭井口，并用泵加入较重的钻井液（压井液），把井涌循环带出井孔。防喷器监测在各个钻机上都要定期进行，以检查设备与钻井人员的反应时间。

3.3　钻井技术

为了有效地开发油气田，政府常常用法律形式来规定井间距。在一个指定的区域内，只能开钻并完成一口天然气井，这一面积的标准为640acre（2600000m²）。在美国和加拿大，一口井中或者一个天然气田的开采量，在某个特定的时间内都要受到限制。

3.3.1 定向钻井

　　按照传统的观点，绝大多数钻井都钻成一个垂直的井孔，按照垂直来要求的话仅仅有微小的偏差。但是最近，旋转钻井可以打出一口定向（偏斜）的井来，以达到用直井无法钻到的特殊目的层（图3.3）。比如，可以通过打一口定向井而达到人口稠密区的地下目的层，而井位则可以设在该区之外。定向钻井可以灵活地达到一个复杂的产气地带，在井口中绕开落鱼钻进，或者从陆地钻达海域的储层，而在陆地上钻井要便宜得多。此外，许多钻井平台为了节省时间和投资，都采用了从一个浮动平台钻出多口定向井的技术。

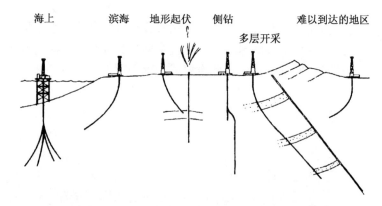

图 3.3　定向钻井的原因（引自 Norman Hyne 所著《石油勘探与开发》，
PennWell，1995）

　　在定向钻井中，井孔开始由垂直方向偏转的拐点叫做初始造斜点。该点之下钻进呈曲线进行了，这叫做井身折弯或者"造斜"。对于定向钻井一个非常有用的最新进展是涡轮钻井，在这项技术中，钻头被以循环带动为动力的井下涡轮发动机带动旋转。由于这种旋转运动仅仅由钻头来完成，所以就不需要钻杆的旋转了。

3.3.2 水平钻井

　　定向钻井的概念已被延伸应用到水平钻井了，而且，这一技术对天然气与石油的开发越发重要。与常规的钻井不同，为了开采天然气，水平钻井可以沿着储集层的走向钻入，打开更多的储层。

与定向钻井相似，一口水平井也有一个开始发生角度变化的初始造斜点，但这一角度连续增加直到井孔侧向钻入地层。钻水平井的原因在于：

(1) 增加薄层的采收率；

(2) 使一套低渗透率的储集层天然气产量增加；

(3) 打通分隔的产气带；

(4) 通过连通垂直断裂而提高天然气的采收率；

(5) 防止开采来自储集层上覆或下伏的额外的天然气或水；

(6) 提高钻井人员加注压裂液的能力。

3.3.3　海上钻井

海上钻井作业与陆上钻井作业相似，但要昂贵得多。在海上，平均的天然气井的深度大约为10400ft (3200m)。陆地与海上钻井的主要区别在于钻井设备所安装的钻井平台。一座海上勘探船必须能够在水中移动至不同的钻井位置。

海上钻井平台包括钻井船（它主要用于浅海区域，防水型的）、自升式平台（有可以升降的支架腿，能够在深达350ft (100m)的较深水域钻探）、半潜式钻井平台（一个完整的钻井平台，它在海水中呈半潜状态并用锚将钻井平台的四周固定）三种。半潜式钻井平台在强大的风浪中非常稳定，并可以在水深达2000ft (600m)的水域进行钻井作业。钻井船漂浮在海上，通过船身的一个孔进行钻井作业。这些钻井平台都可以在水中的任何深度操作。

一旦在海域发现了一个商业性天然气田，就可以用一台固定式或张力支柱式钻井平台

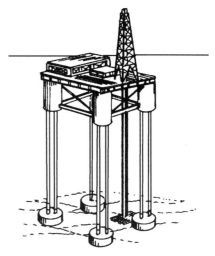

图 3.4　张力支柱式钻井平台 (引自 Norman Hyne 所著《石油勘探与开发》，PennWell，1995)

进行开发作业。固定式、钢制的外壳是最常见的。它们的腿插入一些事先打入海底的钢筒中。相反，一台张力支柱式钻井平台浮在海上气田上，用一种直径较小的、空心的钢管，依靠本身的巨大重量矗立在海底（图3.4）。

3.4 单井评价与完井

一口天然气井的完井往往要比在原来的地点钻井的费用更为昂贵。这就是钻井在钻成以后必须要进行精确评价的原因。这口井能够产出足够的天然气使得它值得去完井吗？这答案将主要取决于测井——通过已经完成的井孔去测量岩石和流体的特性。

3.4.1 测井

为了获得岩石的物性特征，地质家通过采集该井的岩屑（由钻井液带上来的被钻头破碎的岩石）而获得一种岩相测井的资料。关于储集层特征更加精确的信息来源是岩心。岩心是在钻进停止时从井底取出的岩石层样品。岩心样品还可以从井壁获得，这种取心既快又便宜。

其他一些传统的测井包括钻时测井，这可以记录钻入地层的钻头速率；还有钻井液录井，用来分析钻井液和岩屑的化学性质，以检测天然气的痕迹。由于样品密封技术的进展，钻井液测井技术也得到了大发展，这种密封样品可以进行钻井液中所含的天然气的更加精确和连续的分析测量。

3.4.2 电缆测井

在20世纪20年代中期，斯伦贝谢兄弟和他们的女婿Doll发明了电缆测井技术。在此技术中，将一台记录仪通过一条电缆下到井底。最早的电缆测井是检测电阻率的（电流通过岩石与流体的能力）。这种电子数据以手工记录的方式在纸条上以点线的形式反映出来。电缆测井可以使旋转钻井变得更加普及，因为它们可直接抵达井孔的内部，而这些部位在旋转钻井过程中是被黏土颗粒黏住的。

在电缆测井中，记录的仪器称为探头，这是一个内部有仪表的鱼雷形状的圆柱体，它可以测出地层的岩石和它们所含的流体的电流、放射性或者声波特性。当这一工具被缓缓地插入井孔时，就会连续地记录沿途的上述特性。该仪器所发射的信号通过电缆传达到地面并记录下来。这种测井表征着整个井孔内所有测点的连续测量的记录结果。

电缆测井通过岩石层的电阻率特征指征地层岩石的类型。比如，致密砂岩的电阻率高，而页岩的则低。伽马射线测井所检测到的是放射性，它也可以指征井下岩石的类型。中子测井、地层密度（用伽马—伽马）测井技术可以测出岩石的孔隙度。如果存在天然气，中子孔隙度测井的读数就走低，而地层密度测井的读数将会走高。这种相反的情况称为气显示。

井径测井通过测量井孔的直径也可以指征岩石的类型。致密的岩石，比如石灰岩和某些砂岩的井径与其被钻开时的相似。一口井内岩石层的走向可以用倾角测井来判定。

声波或速度测井可以测出声音通过岩石的速度。孔隙越大的岩石，声音穿过的速度就越慢。然而，声波测井无法确定岩石中因断裂而形成的孔隙，这类孔隙会大大减少声波的振幅。因此，需要用声波振幅测井来判定断裂的存在。

迄今，测井是在裸眼的、未下套管的井孔中进行的。一旦井孔内下了套管，储层岩石层的密度、电阻率和压力就很难被精确地测定了。然而，天然气工业正在开发一种新的测井工具，它能够穿过套管完成上述检测任务。这些测井将有助于开发人员通过在已下套管的井孔内的测井在已确认的储层内开采出天然气来。

3.4.3 其他测井技术

在 20 世纪 80 年代，传感器被用来进行随钻的实时测井，而不必等待完钻以后。这些传感器安装在钻杆下方的钻头上，可以检测出由常规电缆测井所得出的各种数据，并将其传送到地表。

随钻检测与一口井的临时完井相似，天然气流通过钻杆流到地表，然后测试并评价该井所测试层段的产能。

3.4.4 完井

如果测井指征为一口没有天然气的干井，则该井就会被充填并放弃。但如果该井看上去有希望，就应进行下套管作业，或者用金属管将其与岩石分隔开。绝大多数套管是薄的无缝钢管，通常是每 30ft

（10m）长一根。套管可以固定井壁并防止井壁的坍塌。套管还可以阻止附近的淡水进入井孔，并防止在天然气开采的过程中淡水的混入。有时还会在钻进过程中下套管，以防止井壁的坍塌。

最后一节套管直接伸入天然气产层。当钻进目的层时，插入最后一节套管，然后将钻井水泥浆注入套管和井壁之间的空隙，使其固结。如果生产层是未固结的砂层，就会崩塌进入井孔，人们用粗大的砂石来支撑地层，这种方法叫做砾石充填完井（图 3.5）。一些天然气井在完井时拥有多个生产层，称为复合完井。复合完井在煤层气开采中是常用的。

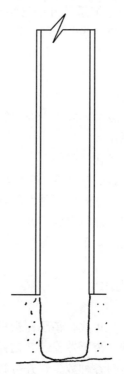

图 3.5   砾石充填完井（引自 Norman Hyne 所著《石油勘探与开发》，
PennWell，1995）

一旦水泥固化，这些井就应实施射孔作业，将套管和固井水泥射穿，将天然气流导入井内。然后，将直径小一些的套管下入井内，把天然气引流到地面，天然气流自然地向上流动，不需要泵的抽吸。一口井的产气率经过检测以后，如果产量达到预测的水平，就在井口安装一套阀门和设备（称为"圣诞树"或采油树），用来控制产出的气流（图3.6）。在同时产出石油与天然气的井中，在井口处会将不同的流体分开。

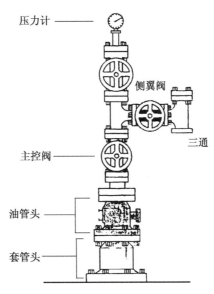

图 3.6　采油树的结构（引自 Norman Hyne 所著《石油勘探与开发》，PennWell，1995）

在成功地钻成多口井之后，就会建起一套集气系统。这一系统包括将产出的天然气从井口汇集到管道并将天然气输送到中心气站进行处理。

3.5　天然气开采

在储层内天然气或石油的压力使得这些流体可以从岩石的孔隙内流入井中。绝大多数储层中的天然气是由膨胀原理采出的，天然气的膨胀使得储层内的气体体积相对增大，膨胀以后产生的压力使其进入井孔内。在一些储层内，水驱动了天然气向井孔的流动。在储层附近或之下的水膨胀导致了天然气流向井孔并随之充填了天然气排出后岩石中的孔隙。水驱气藏与气驱气藏的生产方式不同。

一口井中的天然气开采量随着储层压力的下降以及时间的推移会渐渐地地下降。在天然气的压力下降到 700 ~ 1000psi（49 ~ 70kg/cm²）之前一般都可以采出，这是输气管道可以运行的最低压力。在一些情况下，可以采用加压器对地下的天然气加压，使其达到管道输送所需要的压力来延长开采井的生命。

在投产时，天然气井的测试可以由气井操作员来执行，这可以是一位专业的检测员，也可以是专业服务公司。比如，为了确定储气层产气率的差别需要进行产量检测。此外，还对产气井进行周期性监测，以测量生产过程中产出的天然气、凝析油和水。那些拥有天然气中心处理厂的气田，生产监测时还可以指出每口井的采出量。

许多产出天然气的地层是"致密"的，即它们的渗透率较低，限制了通过岩石的天然气流量。有许多种方法可以用来提高渗透率使产气井增产。这些处理增加了井孔四周岩石内的流通路径，所以气藏内的天然气流向井孔的阻力就会减少。对于石灰岩地层，可采取用泵将酸压入井孔溶解岩石的作业方式，还可以在井内实施短暂的爆炸作业，对岩石产生破裂。直到 20 世纪 40 年代后期之前，压裂作业通常都是用液体硝化甘油炸药完成的。

在近期的压裂作业中，用泵将大量高压液体压入井内，使储层岩石破裂。这些作业称为水压裂或者增产措施。压裂液包括油、氮气泡沫、水或加酸的水。一旦在储层岩石中产生了破裂，就将一些支撑剂（比如粗大的砂粒）灌入储层。压裂作业通常包括注入大量的液体及使用支撑剂。

由于致密地层在天然气储层中较为常见，天然气工业的绝大部分研究工作都集中在增产措施的技术研究领域。水力压裂是非常昂贵的，每口井高达 500000 美元。人们已经开发出在水力压裂过程中收集"实时"数据的计算机软件，用这些信息来预测破裂的增加。这使得生产人员可以在岩层中破裂仍在进行的过程中进行评价，从而掌握开采进度。

其他一些最新的进展包括更快、更容易地对破裂进行制图作业，这可以测出压裂的几何形态以及最终的破裂范围。人们还发明了无线电工具，在实施压裂时测量井下温度和压力，以代替从地面的测量得出的预测数据。

3.6　天然气处理

每年，天然气工业都要花费约 50 亿美元对进入输气管道的天然气进行处理。正如在第 1 章中所讨论的，天然气的主要成分是甲烷，还有乙烷、丙烷和丁烷，此外，天然气还常常含有一些意想不到的杂质，比如水、二氧化碳（"酸气"）和硫化氢（"酸气"），"甜"的天然气内要没有可以检测出的硫化氢。二氧化碳和硫化氢结合会形成腐蚀管道的酸。

天然气还含有一些较重的液化烃，即天然气采出时形成的凝析油。这种"湿"气在储层开采时是气态，可一到地面就会变成液态的凝析油。"干气"是纯甲烷气，在储层内和地面都不会呈液态。

那些经过处理达到管道输送购买合同要求的天然气称为管道质量天然气。管道质量天然气的热值通常可达 $900 \sim 1050Btu/ft^3$（$34 \sim 39MJ/m^3$）。这种气的压力必须符合标准的管道压力 $700 \sim 1000psi$（$3400 \sim 6900kPa$）。管道质量的天然气必须足够干燥，以防止液态凝析油或水合物（像冰一样的颗粒状物，可以堵塞管道），而且它不得含有任何腐蚀性气体或额外的潮气。

边缘性天然气资源的开发以更为严格的空气质量法律条款在推动着天然气处理技术的进步，这类天然气含有大量的杂质，需要在某些处理过程中严格控制它的发散。

3.6.1 天然气的净化

天然气中的水分和杂质在油田内经天然气的"净化"程序除去。加工处理包括脱水（即除去水分）、"甜化"（以除去二氧化碳（CO_2）和硫化氢（H_2S））。乙二醇是一种液态的干燥剂，用来吸收天然气中的多余水分。管道规范通常要求天然气中的水分含量不得超过 $7kg/m^3$。

乙二醇脱水会挥发一些有害的空气污染物，主要为苯、甲苯、乙苯和二甲苯（它们合称为BTEX）。天然气工业已经开发出一种控制挥发物的技术，在许多情况下，它可以除去95%的这些BTEX物质。此外，人们还开发了一些计算机程序，计算一些来自特殊的天然气处理工厂的BTEX挥发物的球状物的预测。应用这些计算，天然气生产者就能够对这些加工厂最需要进行挥发物控制的成分进行实际监测。

腐蚀性气体（CO_2 和 H_2S）在一种"甜化"的设备中被除去，这种设备中会有一些铁屑或者被称为胺的其他有机化学物质。当这些铁屑和化学物质被酸气饱和以后，可将其加热、再生，然后可以再次使用。按照管道天然气质量要求，天然气中 H_2S 含量不得高于 $4mL/m^3$，CO_2 的含量不得高于 $1\% \sim 2\%$（体积含量）。

在美国，所生产的天然气中约13%的需要进行除去 H_2S 的处理，用传统的 Claus 处理技术将其中的硫回收。然而，这种硫回收技术对那些生产的硫相对较少的天然气工厂来说，过于复杂且十分昂贵。最近开发的关于硫回收的新技术包括液体的氧化还原以及根据硫的结晶作用原理而进行的处理。

由于 CO_2 可以被注入已经枯竭的油田，用于提高产量，所以人们常常可以从天然气中回收它，并作为一种副产品出售。出于经济的原因，用薄膜层析法除去天然气中的 CO_2 的做法越来越普遍。

3.6.2　天然气的加工

在天然气加工厂中，将天然气内所含的凝析油回收，这是一种价值较高的副产品。当除去其中的乙烷、丙烷和丁烷以后，剩下的凝析油就称为天然气液（NGL）。这些液体可以用冷却法与吸附法回收。冷却法会将液体天然气与干气分开。这一加工处理过程是在一个有膨胀器的工厂中用低温膨胀法完成分离的。

天然气液也可以在吸附塔内除去，方法是通过一个存有与汽油或柴油相似的轻质烃的分馏塔将天然气汽化，然后，天然气就被蒸馏出去。抽除天然气液之后所剩的富含甲烷的天然气称作尾气。

参 考 文 献

Hyne，Norman J.，*Nontechnical Guide to Petroleum Geology*，*Exploration*，*Drilling and Production*. Tulsa，OK：PennWell Publishing Company，1995.

4   天然气的输送管网

4.1   天然气是怎样运输的

天然气管道工业囊括了从气田的天然气开采到输送给各配气公司和一些大的工业用户。天然气的输送管道用结实的大口径的能在高压状态下（500～1000psi 或 3400～6900kPa）工作的管材制成。当进行长途输气时，管道内的压力由设在管道沿线有战略意义的地点处的加压站来维持。管道的加压站常用的动力由天然气发动机和涡轮发动机提供。

在一个州内开展业务的管道公司称为州内管道公司。那些掌管着跨州的更大一些管道网的公司称为州际管道公司，受美国联邦政府的法律所管。20 世纪 90 年代，在美国修成了 300000 多英里（480000km）以上的天然气管道，为近 600 万天然气用户供气。

4.2   天然气管道工业发展简史

如第 1 章所述，天然气的运输最早的繁盛得益于 20 世纪 20 年代的电力发展和无缝钢管的普及。这种管材的强度允许高压气体的通过，因此质量要求较高。这项技术使得天然气的费用降低，并使其比其他燃料更具竞争力。到 1931 年，已经建起了多条长距离的输气管道系统（表4.1）。

现代天然气管道工业的发展史与美国联邦政府的法律有着极大的关系。从历史角度来看，管道公司拥有生产井，并从生产者那里购买天然气，然后，这些天然气又被出售给当地的配气公司，在一些情况下，可以直接供给大型工业用户。在 20 世纪 80 年代，美国联邦能源法律委员会（FERC）由于需要将州内的管道变得"开放且易进入"而重新厘定了管道工业的功能——为其他的用户输送天然气，甚至为管道工业的竞争者供气。

这种需求允许一个区域性天然气配气公司，一个巨大的工业用户，或者一些用户与天然气生产者之间的买卖人以及管道运输合同的持有者等都来购买天然气。管道公司的市场经营、销售以及储存等活动已经从天然气的输气服务范围中分离出来了，这些项目对所有人开放。实际上，天然气的运输是无规章的（天然气工业的规章制度将在第8章中详细讨论）。

表 4.1　早期的长途输气系统

公　司	气　田	创立地点
州际天然气公司	Monroe LA	Baton Rouge（1926）与新奥尔良（1928）
加拿大河天然气公司科罗拉多州际公司	Amarillo TX	丹佛（1928）
城市服务天然气公司	Amarillo TX	堪萨斯城（1928）
综合天然气公司	Amarillo TX	Enid OK（1928）
EI Paso 天然气公司	Lea Co., NM	EI Paso（1929）
孟菲斯天然气公司	Monroe, LA	孟菲斯（1929）
密西西比燃料公司	Monroe, LA	St. Louis（1929）
太平洋天然气与电力公司	Kettleman Hills, CA	旧金山和奥克兰（1929）
南方天然气公司	Monroe, LA	亚特兰大与伯明翰（1930）
西部公共公司	Rock Spring, WY	盐湖城（1930）
大西洋沿岸公司	Kentneky	华盛顿特区（1930）
蒙大拿电力天然气公司	Cut Bank, Mont	Butt, Mont（1931）
天然气管道公司	Amarillo TX	芝加哥（1931）
北方天然气公司	Amarillo, TX	Springfield ILL（1933）与 Detroit（1936）
南方燃料公司	Kettleman Hills, CA	洛杉矶（1931）

从那以后，竞争就使得全国范围内的天然气运输价格跌了下来，并迫使管道公司努力降低成本。在20世纪80—90年代，管道工业变得更加巩固。管道工业的另外一些主要的利害关系是公众的安全性和环境保护。除了 FERC 之外，州际的管道还受到其他政府政策的约束，这些政策需要公司控制从压力站和其他设备中的天然气泄露。

4.3 管道项目的发展

4.3.1 前期准备

在开发出一条新的管道之前，作业公司必须得到公众的同意和FERC 的批准。这通常需要提出铺设管道的计划和相关的经济研究，这些将确认所施工区域对天然气的需求量与可行性以及天然气的供应量。此外，公司还必须分析管道铺设对环境的影响力。1997 年，FERC 批准了 3 个从加拿大进口天然气的管道工程方案，其中两条要进入美国中西部以北的区域，而另一条则通往新英格兰的北部。

一旦获得了联邦政府许可证，就必须选择一条正确的路线，并在得到允许的工程起点及沿途租借地面设施。在管道设计时，经济学家会对天然气压力、管道直径、管材厚度、加压的类型以及加压站的土地范围等的选择提出见解。所有这些设计的目标就在于获得每天都可以安全施工并可保证天然气质量的工程项目，同时以尽可能低的标底中标。计算机已经成为帮助选择管道线路与特殊设计要求的工具。一旦完成了包括全部途经线路地点的设计，就可以铺设管道并供应设备了。

4.3.2 管道的铺设

铺设管道的第一步是清理铺设的路径并用挖掘机械开掘一条深沟。管道的每一节或每一段都必须在沟外面焊接好。长距离的输气管道的直径通常为 24～48in（61～122cm），某些管道的直径可达 56in（142cm）。当牵引车和夹具将管道的接口对准以后，焊接人员就着手作业，将管道延伸（图 4.1）。长距离的管道铺设工作可能会使用自动化焊接机。

焊接以后，管道的外层要进行清洗，上涂料和外套层以防止其外层被腐蚀。大多数情况下，管道在制成之后，工厂就用一层熔化了的环氧树脂涂层包在管道的外面。有时，工厂也会将管材的内部用这种薄层涂上。这种做法有以下几种好处：

（1）可防止运输与储藏时的腐蚀；

（2）可提高管材在焊接前进行设备内部检查时光线的反射能力；

图 4.1 输气管道的焊接

图 4.2 管道的野外涂层与焊接作业

（3）将进行水静态检验后水的保留时间降低到最小；

（4）形成一个平滑的层面，此举可以提高 4% ~ 5% 的气流量。

最后，随着管材被连接，就将其放入沟内（图 4.3），然后用土回填管道沟壕。如果途中必须经过河流，管道的重量使其无法漂浮，可以安装在河底挖出的沟壕内，或者架在桥上（图 4.4）。有时会使用定向井技术（与钻天然气井的定向井技术相似）来越过障碍。定向井可以在河流、高速公路和铁路线下面铺设管道。这种施工技术还可以避免对敏感的湿地造成破坏，这种湿地已经成为许多地域铺设管道的障碍。

图 4.3　在沟壕内铺设管道

图 4.4　跨过密西西比河的空中管道桥

4.4 管道的运行

因为需要对占用的土地进行大量的投资，同时，还需要巨大的加压站以及大量高强度、大口径的管材，输气管道的铺设是十分昂贵的。因此，由于投资的规模巨大，大多数管道公司往往尽可能地满负荷运作，这将可以多输送一些天然气来回收管道的投资。

由于在冬季大量的天然气被用于取暖，所以人们对天然气的需要会随着季节的不同而发生很大的变化。此外，用天然气作为发电燃料的市场也在增加，这将改变传统的天然气需求模式。

为了降低输气成本，天然气管道工业试图平衡天然气的供需矛盾，使天然气需求的冬季高峰与夏季波谷的情况有所改观。比如，计算机建模可以对管道中的情况进行提前预测，并在需要时从储气库中提取天然气作为补充，而不必使管道具有储存额外的未出售天然气的能力（即在线充填量，是为了保持管道内压力和终端气的不间断性，管道内所需要的气体量）。

4.4.1 加压站

天然气被加压输送可以减少体积和一些管道费用。当气体在管道内流动时，不可避免的摩擦会减少其压力和流速。因此，天然气必须由沿线的加压站进行再次加压（图 4.5）。通常，加压站之间的间距为 50 ～ 100mile（80 ～ 160km）。输送的天然气在功率达几千马力的加压站加压。到 1995 年底，美国管道加压的总功率高达 14000000hp（10MW）。

管道加压站使用活塞式或者离心式加压机，活塞式加压机具有相对较高的压力比（输出压力与输入压力之比），但功率有限。经典的配置是在一座加压站内将几台类似的加压机平行安装，由二冲程燃气轮机带动。现在，人们不使用四冲程的燃气轮机和电动机，在极少数情况下，还使用蒸汽机（图 4.6）。

离心式加压机的压力比相对较小，但功率较高。这些机器的最大转速可达 4000 ～ 7000r/min，通常用燃气轮机带动，有时也使用蒸汽轮机和内燃机。由于它们具有较大的功率压缩范围以及较低的费用，使得离心式加压机在天然气燃料费用较低时尤为受欢迎。

图 4.5 标准的管道加压站

图 4.6 活塞式加压机

　　然而，离心式加压机的效率要比活塞式加压机的低，尤其是在不满负荷的状态下。因此，从经济意义上决定了人们在加压机的选择中对活塞式加压机的偏爱，尤其从每年的使用时间（也就是从对燃料消耗的角度来看）来考虑更是如此。最近，在美国的管线网总的加压动力中，活塞式加压机所提供的能量就超过了一半以上。

　　由加压站的加压机排放出的空气污染物是管道工业的主要环境问题之一。联邦法律要求管道操作者尽量减少在天然气输送过程中从活塞式发动机中散发的氮的氧化物。

　　人们已经开发出一些低廉的技术，使得加压机可以减少这类污染物的排放量。这些技术使用天然气燃料与空气共燃，这样可以充分燃烧，而且还可以通过增加与燃料混合的空气比例来运行发动机。有时，空气与燃料先在一个特殊的小室内混合，然后再进入发动机。

管道工业还开发了用于控制发动机排放物的其他设备，这些排放物有毒素或危害空气的污染物等，关于这些排放物的立法在 2003 年实施。在美国科罗拉多州立大学发动机检测实验室进行了大量的工业排放物控制方面的研究。

4.4.2　计量

天然气流量的计量是管道工业的一项重要功能。在每条管道的始末端都要进行天然气的计量，在每座加压站以及管道的分节点处也要测量。一些管道直接为大型工业用户供气，需要大容量的计量表。孔板流量计是输气管道中最常用的天然气流量测量工具，但是它们的应用正在减少。

现在管道工业已经开发出许多先进的测量技术，以降低价格并增加流量测量的精度。设在得克萨斯圣安东尼（San Antonio）的天然气工业计量研究所已对这些技术进行了检验。已开发的技术包括自动化计量表，电子流量监控仪、能量测量仪、超声测量仪以及计算机化的数据采集与分析。设在俄亥俄州哥伦比亚的一家研究所可以使管道公司很方便地去模拟他们自己的"现场"操作条件并评价实验的原型设备。

4.5　管道的维护与安全

管道需要常规的巡视、检查和维护，包括管道内部清洗与气体泄露的信号检测。管道及其相关设备的完整是管道工业最为关注的内容之一。虽然不喜欢那些安全预防措施，但是，对管道破裂产生巨大灾难的恐惧就像是一把利剑一样高悬在每一家管道公司和每位雇员头上。

管道破裂的最重要的原因就是机械损伤。沉重的建筑装备会将管线压上凹槽、划破管材的涂层、划破金属管子或者使得管道发生变形，而且，这种机械损伤是很难避免的。管道公司不可能监测数千英里的管道上每一个部位，也很难保证人们不在管道附近挖掘。许多管道工业安全条款要求对地下管道进行绘图并标明其位置，以警示人们远离之。

腐蚀是威胁管道工业的另一个严重的问题。腐蚀是一个无形的敌人，在发生明确的损坏之前，腐蚀很难被检测到并被准确地定位。当地表水或其他因素使管材与四周土壤之间的电子差异时，金属管材就会发生腐蚀。

腐蚀的损伤有多种表现形式，例如在管材表面形成腐蚀坑或破裂等。有一种称为应力腐蚀的破裂现象是特别难以检测的，而且如果不进行纠正就会发生危险。为了减少腐蚀，管道公司特意安装了一种称为阴极保护系统的电子设备，它可以阻止管材与四周的物质之间的电化学反应。

还有一种管道的损伤——管材原有的涂层破损。一旦管道被埋入地下，微小的损伤就会发展成为一个大麻烦。

4.5.1　清管

有一种检测管道完整的行之有效的方法——将管道内的气体放空并用泵将其加满水产生高压（"流体静力学"检测）。但很显然，这是一种既费时又费钱的方法。为了避免不必要的流体静力学检测，管道工业已经开发了各种检测管道内部损伤的方法，其中最重要的一种安装与维护工具称为"清管器"。这是一种可以穿过管道设备，可以产生特殊的尖叫。

最早的清管器是基于活塞的原理进行工作的，它们被拉入管道用于清理脏物及腐蚀产物，它们在一些选择的点处沿直线拉动。如果没有被拉出管道，这些清管器就会增加摩擦并减少气体的流通量。管道末端（"下游"）设备腐蚀的碎屑也会引起磨损，比如计量表和调节器的损伤。目前，这种类型的清管器依然在使用着。

不久前，人们设计出了一种"聪明"的清管器，配套使用，可以检测那些可能产生破损的管道内部状态。这些清管器连接到计算机可以更加精确地检测有问题的部位。有些清管器还带有一些仪器，可以测量管道内壁的厚度。这可以指示那些金属已被腐蚀掉的部位。一些清管器还被用来检测管道内部的结构异常。

然而，许多较陈旧的管道内壁由于积淀其直径比原来要小，这样就会阻止灵活的由计算机控制的清管器的通过。有些管道还有一些清管器难以通过的拐角。管道工业正在开发一种聪明的"可伸缩的"的清管器，它可以自己爬过小口径的管道并在管道内部各个拐弯处灵活地进出。

4.5.2　裂隙检测

管道上气体的泄漏可以用那种天然气配气公司所使用的相似的仪器来检测。但由于输气管道很长，许多裂缝的检测是用飞机进行的。在空中巡视可以看到大片黄色的植被，那就是天然气泄漏所造成的干燥影响的特征。人们从飞机上还可以发现一些地表被冲洗过的区域，那里可能是出露的地下埋藏的管道，人们从飞机上还可以观察到任何有可能损伤管道的建筑活动。

4.5.3　管道修复

当管道的损伤与泄漏情况与地点都被确定以后，传统的修复方式是把管道的涂层刮去，切下损伤的部位，然后换上一节新的管子。这种方法需要将管道内的输气暂时停下来。反之，可以将一块金属片包住损伤的管子然后就地焊接。在这种工艺中，虽然管道可以继续使用，但焊接作业却可导致焊接部位的破裂与变形等问题。

最近，天然气工业已经使用了一种价格低廉的钢片修复技术。这种技术不再使用钢片，取而代之的是一种以胶质为基底的由玻璃纤维制成的焊接材料。这项技术比焊接钢片既快又便宜，可以提供一种十分安全而又牢固的修复。

参 考 文 献

"Transmission Program Overview", Gas Research Institute, GRI/Net (htpp：//www.gri.org)，September 1998.

Albrecht, Jim, "Making 'Smart' Pig Smarter" Gas Research Institute Digest 20, Spring 1997 (No.1)，pp12−15.

5 天然气的储存

5.1 天然气是怎样储存的

天然气的运输与配气公司采用多种战略措施以维持管道内天然气的稳定气流并保持供需平衡。一个重要的方法就是在距天然气市场尽可能近的地方建地下储气库。天然气可以储存在枯竭了的天然气或石油储层内，也可以储存在一些含水的地层（图5.1）以及地下的大洞穴（比如盐穴）内。

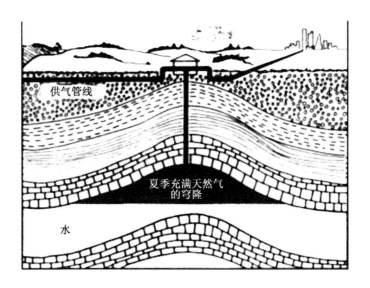

图 5.1 典型的含水层天然气气田

天然气的储存可以使输气管道按季节或按每天的用气波动量来调节输气能力。一般来讲，当夏季用户需气量较少时，进行天然气的储备；到了冬季，当气温降低，需气量增加时，从储气库中放出天然气。1996年，在美国约440座地下储气库投入运营。到了1998年后期，上述储气库中的97%已被充满，总储气量约达 $3.097 \times 10^{12} ft^3$（$900 \times 10^8 m^3$），可供使用4年。这些储气库可以在短期内达到每天供气 $700 \times 10^8 ft^3$（$20 \times$

$10^8 m^3$）的能力。

5.2　地下储气库的发展简史

美国最早的天然气储气库于 1916 年在纽约 Buffalo 开始运营。Zoar 气田是一座枯竭了的气藏，目前依然在使用。随着第二次世界大战之后天然气管网的大发展，为了适应在寒冷的季节对天然气的需求量，人们对新的天然气储气库的需求也增加了。到了 1965 年，天然气工业在美国中西部开发了一个含水的储气库，西弗吉尼亚、俄亥俄和宾夕法尼亚也相继建成了较深的枯竭了的天然气储气库。

1961 年，在密歇根建成了第一座盐层中的储气洞穴，第一座盐丘洞穴式储气库于 1970 年在美国密西西比启用。该气库所提供的天然气代替了墨西哥湾因飓风袭扰而中断了的生产。

在 20 世纪 60—70 年代，绝大多数天然气储存计划因联邦政府关于州际间的天然气价格的法令而被终止。这些法令禁止在夏季动用已经入库的天然气储备。70 年代后期，新的联邦法令改变了天然气的价格，大量的钻井开采导致了 80 年代初期的天然气供大于求。最终，关于动用储备天然气的禁令被取消了。

5.2.1　天然气储备的选择

绝大多数天然气储气库是地下的。枯竭了的天然气藏是最常用的储气库。通过以前的天然气井将天然气"注入"地下并在需要的时候抽取。天然气库内的压力在气体注入时会增加，而在抽取或生产时则会下降。

在储备的天然气能够被使用之前，地下储气库中要有一定量的"垫气"（地下储气库中不能回收的残存气）。一般来讲，虽然天然气工业一直在寻求用氮气或其他气体来取而代之，但这种"垫气"一直用的是天然气。这种垫气为储气库提供了足够的压力，使天然气可以从储气库中流入井孔。在储气库的正常操作中，这种垫气是不能被抽取的。相反，当需要时，"有用"气体是可以被抽取并输送给用户的。这就是在一个正常的储气循环中被注入和抽取的气体变化过程。

含水层是地下多孔高渗透性的含水岩石层。当枯竭了的储层无法使用时，含水层就为储存天然气提供了条件。在美国中西部地区，有几个含水的储气库已经投入使用。然而，含水的储气库需要的垫气比例非常高（高达总气体体积的80%），这就限制了它的使用。而且，这种储气库的所在地没有天然气钻井和生产配套设施，就和那些已枯竭掉的储层一样，含水层在开发之前必须进行检测。

储气洞穴是地下的孔洞，它们可能是开采煤炭或其他矿产形成的，也可能是淋滤形成的（地下水被抽干净后的空洞）。这些洞穴包括盐丘（可以是层状的含盐地层，也可能是盐丘）和岩石洞穴（比如煤矿的坑道）。由于洞穴是一个具有压力的容器，所以它们是一理想的可以循环使用的储气库，而且，洞穴储气库所需的垫气量较低（大约是总气量的1/3）。然而，淋滤的洞穴的开发是非常昂贵的，因为淋滤的过程要将大量地下水抽掉，还要防止地下水的循环。

一般来讲，储气库的产出能力随时间推移而降低。随着天然气井利用年代的增加，有的井孔已经损伤。现代天然气研究已经开发了多种方法来防止气流的减少，并加强改装井的处理。这些方法是卓有成效的。

与地下储气库不同的是天然气配气公司是在地面的工厂内工作的，储气罐内储存的是液化的天然气（LNG）或液化石油气（LPG）。通常，这些储气罐的储气能力要远远低于地下储气库的（$5 \times 10^8 \sim 20 \times 10^8 \text{ft}^3$ 或 $10 \times 10^6 \sim 60 \times 10^6 \text{m}^3$）。地上储气罐在一个有限的时间段内可以提供足够的天然气，这一般是指天然气需求高峰期（5～15天）的时间。关于LNG和LPG的储存罐的操作将在第6章"天然气配气系统"中讨论。

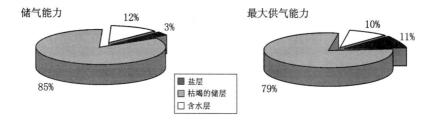

图 5.2　在美国所使用的几个地下储气库的范例

5.2.2　天然气储存的服务对象

地下储气库的服务对象有两种：基本供应与高峰供应。基本供应可以储存足够的天然气以供给那些长途管道供应尚不能满足的大宗用户。高峰供应是为那些仅仅几个小时或几天需要大量天然气的高峰期供气。高峰储气可以在有限的时间内大量供气，但是这也需要很快地再补充，无法满足长年累月地保持这种供气状态。一些枯竭了的地下储层可以被用做此类储气库，但目前的趋势是发展洞穴作为高峰供气的储气库。

传统意义上讲，地下储气库一般为管道公司所控制，但最近几年，天然气配气公司也控制了更多的储气库。一般说来，这些公司利用储备来保证供应并满足用气高峰时的需求。一些天然气市场商人也已经投资储气库的建设，以保障自己的用户，这样也可保证合同的要求。

在 20 世纪 90 年代，随着天然气需求量的增加，对新的天然气储备需求也大大增加，储气规模不断扩大。与以往因季节变化供气高峰一年内只出现一次的情况不同，储备的天然气在一年内会出现多次短时间的供气高峰。此外，联邦政府的法律变化也使得许多管道公司无法继续其传统的服务方式。许多天然气配气公司与大宗用户对自己的天然气供应的管道越发关注，其中许多已不再签订长期合同。

天然气储集的类型也发生了变化，以适应从长期需求（150 天）到短期需求的客户，增加服务的弹性。结果，在过去的 5 年间出现了一些新型的储气方案。到 2000 年，已完成了 80 多项新的储气方案。在这些方案中，40 项已经有效地提高了供气能力，使之具备了较高的输气能力。天然气的储备量增加近 $4000 \times 10^8 ft^3$（$110 \times 10^8 m^3$），供气能力可以增加 $150 \times 10^8 ft^3$（$4.25 \times 10^8 m^3$）。

由于天然气的需求高峰持续增加，就应更为灵活地增加储备气量。高峰需求由于居民取暖而增加，需要能够储备 5 ~ 20 天的高峰供应储气库，以取代那些季节性储气库。最近，天然气工业已经开发了多项技术，来为老式的储气库增容，以便在短期服务时大量供气。这些新技术主要集中在检查储气库特征的诊断软件并对储气库运行要素分析。

参 考 文 献

Albrecht, Jim, "Underground Gas Storage：Improving the Process. Enhancing the Resource," *Gas Research Institute Digest* 21，Summer 1998（No.2）pp12−15.

Beckman, Kenneth L., and Determeyer, Peggy L., "Natural Gas

Storage：Historical Development and Expected Evolution", *GasTIP*, Spring 1997 （No.2） pp13—22.

　　Ewing, Tezah, "Strong Dose of Winter Spikes Price of Natural Gas Reversing Recent Losses", *Wall Street Journal*, November 6, 1998, page C17.

6 天然气配气系统

6.1 天然气是如何配气的

配气系统是一个由输气管道组成的网络，它可以将各种供气源的天然气输送给众多的用户（图6.1）。管网由大量输入用户家庭或者工厂以及配气站的服务管道构成。这些管道的口径较大，遍布在配气公司服务的区域，在地下进行天然气的输送。以前，美国许多较为陈旧的配气管道是用金属管材制成的，但现在绝大多数干线与支线的管道正在被塑料管道代替。

天然气配气工业每年的费用高达600亿美元，其中绝大多数用来

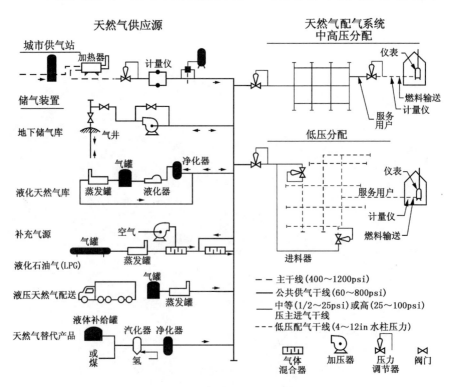

图6.1　天然气的配气系统

购买天然气。跨国的管道和天然气储气库是天然气配气的主要来源。在冬季和其他一些天然气需求高峰期，这些配气系统也可以提供液化天然气和液化石油气。这些补充的气源的价格要高于每天供应的天然气的价格。

地区性的配气公司常常作为一个区域内的公共设施，它们的服务对象往往是单一的，而一个城市的配气公司的服务对象是整座城市的各种用户。

6.2   天然气配气工业发展简史

美国第一家天然气公司由 Baltimore 的 4 位商人于 1816 年成立。到了 20 世纪 90 年代，在美国的 50 个州内，已经有了 1200 个天然气的配气公司，为近 6000 万家用户供气。早年间，管材与其他配套设施的制造、运行与维护都隶属于"街道部门"。虽然用于天然气配气的材料、设备与技术已经发生了翻天覆地的变化，但天然气配气工业的基本职责却依然未变。

用户服务包括按照用户要求安装管道。设备的维修也是一项非常重要的服务，因为普通用户不具备这种技术能力。客户服务还包括计量表的安装、读表与维修，天然气配气公司具备这些职能，但公司之间的任务却大相径庭。

20 世纪后半叶是天然气工业发生巨大变化的时期。天然气工业的三大任务——生产、运输与配气依然得到了继承，但它们的责任与彼此之间的关系都已发生了变化。通过组合与调整，许多配气公司已经完成了大量的纵向联合，其他一些也分化为可以提供其他类型公共设施服务与非公共设施服务的公司。

6.3   天然气的接收

6.3.1   城市供气计量站

天然气在"城市供气计量站"内被接收，这些站也称为城市边缘站或支线站，设在干线和配气管网之间（图 6.2）。当天然气输送城市供气计量站之后，常常需要通过一个净化装置以除去液体和灰尘。城市供气计量站的一个主要功能是测量（计量）输入天然气的体积。绝大多数城市供气计量站用孔径式计量计测定天然气，当然也会用到其他类型的计量计或者将孔径式计量计与其他类型的结合使用。

图 6.2　城市供气计量站

　　天然气以高压状态被输送到城市供气计量站，这是管道输气所必需的，但天然气的配送站则需要较低的气压，因此，城市供气计量站的另一个重要功能就是降低输到气体的压力。一种称为压力调节器的机械装置可以降低气压并控制气体的流速，以保障整个配气系统内天然气的合理压力。随着压力的下降，天然气的温度也大大下降。出于这一原因，天然气可能会被加热，以防止管道内形成雾、冰以及像冰一样的水合物，还可防止在管道外部形成霜。

　　输往配气系统的天然气由一套专门的系统进行监测。许多公司使用的是高级控制和数据采集（SCADA）系统，它们可以提供在线数据，并能够迅速地反映配气系统内的条件变化。

　　经过气田处理之后，天然气一般是无色无味的，所以加味是配气系统处理过程中一个非常重要的工序，也是联邦安全法所要求的。如果管道输送的天然气气味很淡，则在从城市供气计量站输出之前必须做加味处理。所加入的气味多选用"瓦斯"味，这可以用于检漏，浓度极低的未燃烧的天然气即可被检测出来。这样，就可在泄漏的气体浓度达到危害程度之前就对用户发出警报。当空气中天然气浓度超过 5% ~ 15%

时就会发生爆炸。为安全起见,加味的天然气在空气中的浓度不要超过
1% 时,即可被检测出来。

6.3.2 补充气

虽然绝大多数天然气是经管道输送的,但天然气配气公司都会自己
保留一些储备气。补充气通常在最大需求高峰(用气高峰)时送出,比
如在寒冷的冬季。与之相反的是,天然气的正常需求被称为基础供气。
生产与配送这些储备气被称为"高峰调节"。虽然高峰调节气要比管道气
贵很多,但依然要比在炎热的季节事先购买额外的天然气大为便宜。

高峰调节气的两种重要来源是液化天然气(LNG)与液化石油气
(LPG)。由于这些燃料是液态的,所以比气态的天然气的体积小且更易储
存。LPG 的主要成分是乙烷与丙烷。在天然气配气公司的 LPG 高峰调节
装置中,将乙烷与丙烷加热并汽化,与空气混合然后加注到配气系统的天
然气蒸气中去。与空气混合就使得 LPG 可以适应用户的天然气使用。

在 LNG 工厂,液化天然气被储存在极低温度(超低温)的罐内,
以保持其液体状态。在必须满足用气高峰时,将 LNG 加热并汽化。一
些 LNG 工厂拥有自己的气体液化装置,以便在用气低谷时将管道输来
的天然气液化,而另一些 LNG 工厂仅仅有储存罐和汽化设备。LNG 从
供应者那里买到然后输送到低温罐的工厂去。在美国,并不是所有的
LNG 都是国产的,采购自海外的 LNG 装在特殊设计的容器里用轮船运
至美国的沿岸地区,在那里储存,然后提供给用户。

20 世纪 70 年代,美国经历了天然气的短缺时期,许多天然气配气
公司转行为生产替代天然气(SNG)的工厂,所用原料是炼油厂的副产
品石脑油。这种 SNG 被用来为一些大宗用户提供基本天然气供应。然
而,SNG 的生产费用昂贵,这些工厂已经不再进行基本的天然气供应
了。

6.4 配气系统的运行

6.4.1 管道与压力的匹配

在城市供气计量站接收天然气并将其输往配气系统的管道称为供气

干线。在一些情况下，这种管道可能仅仅长几百英尺，而在另一些情况下，这种主干线可由数英里的复杂管道构成。这种管道中的气体压力要低于主干线管道内的，但又高于配气系统内的。主干线可以拥有少数几条高压输气服务线，直接与一些较大的工业用户相连。

除供气干线之外，配气系统内还使用其他四种管道：

（1）主进气干线，用来将天然气从压力调节器或供气干线的气输送到配气干线。主进气干线可以拥有一些直接与大型工业用户相连接的服务性输气管道。

（2）配气干线，主要负责将天然气输送给民用、商用及较小的工业用户。

（3）服务管线，将天然气从设在街区的配气干线送至用户的计量表。服务管线通常为公共设施供气。然而，一些公共设施本身仅仅拥有一些公用的服务性线路，而用户也有属于自己的那部分输气线路。

（4）燃料线，是通往用户燃气装置的管道。建筑所有者对这些线路拥有权利和义务。

许多配气系统由几条在不同压力条件下运行的主干管网构成。这些干线中的实际压力每时每刻都不尽相同。一些公共设施在冬季需气量较大时需要以高压供气。图 6.3 所示在这种系统中的不同路段的典型运行压力。直接从输气干线获得供气的大型工业用户需要特殊设计的计量仪和压力调节器，以便在气流量大且输送压力高的条件下操作。那些直接从干线输气系统获得供气的较小型商业与居民用气需要一些额外的调节器，以减少供气管道的压力。这些服务对象有时会是农场的消费者。

主进气干线将天然气输入配气管道网。较新的系统的典型操作压力为 60psi（415kPa），这需要在每条服务线路上安装一个调节器，以便将输送压力减小到用户的设施所允许的标准。如果配气管网需要在较低的压力状态下运行，则当天然气进入系统之前，当地的调节站就会降低来自干线的气体压力。

通常在大城市中，许多较大的配气公司，拥有在极低压力（还称为标准压力或可利用压力）下运行的大段管道，其压力范围为 6～10in 水柱（0.2～0.3psi，1.5～2.5kPa）。这种管道主要将来自气厂的气体进行配送。家庭用的设施一般是以这种操作压力进行设计的，大约为 4in 水柱（0.1psi 或 1kPa），所以就不需要那些单独的服务性调节器了。然而，一些压力调节器常常就以这种压力范围事先安装在这些设施内了，比如一些加热器和一些炉具，以便它们良好地运行，并可以细微地进行压力调节。

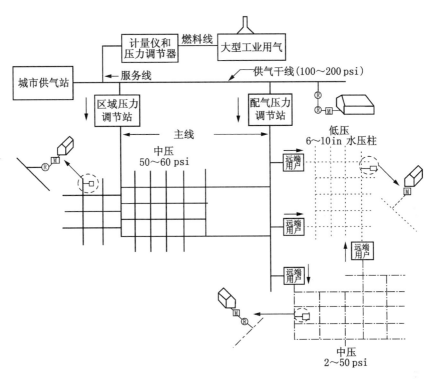

图 6.3 一个配气系统的运行压力

根据压力高低而进行的输气管网的分类是相当普及的，但是公众并不同意那些用一种分类就囊括所有压力范围的技术名词的做法。联邦政府安全标准将高压配气系统规定为"一种供气压力高于用户使用压力"的系统，即需要用服务性调节器来进行减压，而低压系统则明确为可供给用户相同的压力下进行操作的压力。

6.4.2 控制气体的漏析

配气公司从事全部输气管道的漏析检测工作（包括用户所用的那部分管道），以保证合理安装并没有缝隙。天然气可以用极其灵敏的检测仪在地面或地下检测得到。天然气公司的工作人员携带着相应的仪器在可能出现裂隙的管道段巡察，或者驾驶着检测车开展较为长距离的检测工作。

此外，泄漏的天然气对植物有"烘干"作用，所以天然气的泄漏所产生的影响在地面上清晰可见——地表植被的颜色会从绿色变为褐色或黄色。为了检测埋在地下的管道，配气公司会在那些地表检测可疑的或者已经有气味被闻到的地点挖一些小洞进行检测。人们用一些特殊的照相器材对管道的内部情况进行检测。

根据供气日程，配气公司的服务区域是要划分并勘察的，对学校、医院和剧院等公共建筑物应特别关注。泄漏的分类是根据其强度与地点进行的，那些影响较大的地区应立即修复。配气公司还负有调查所有天然气管道内天然气的气味、泄漏、爆炸或者着火的责任。

6.5　配气系统的建设

天然气的配气干线设置在未开发的地区，比如在新的住宅建设方案区等挖一条沟并埋入管道。配气公司的这项工作常常与其他服务相结合，比如电话线和电视电缆线等就与天然气管道一并安置。对于新的干线与服务，几乎全部采用环氧树脂塑料管道。相反，一些较为陈旧的配气系统是用铸铁或钢管建造的。天然气的干线管直径大多为1.25～3in（3～7cm），但也可达6in（15cm）。服务管道的直径一般为0.5～0.75in（13～19mm）。

塑料管道常常用在一些建筑物内，其长度可达500ft（152m）。大口径的管材一般为每根长30～40ft（9～12m）。在绝大多数情况下，管材之间是以热焊接相连接的，在连接处，将两根管子焊接并加力使之结合在一起。在管道沿途，将管道掩埋之后，还需要设置指示线。在沟壑被回填之前，管道应用沙子或其他清洁的充填物填好。

在已开发的区域，管道的铺设工作极为困难。因为这些区域分布着大量的街道、人行横道以及居民区、行车道等。绝大多数干线管材还是以挖壕方式铺设，但"无沟壑"式技术，比如定向钻孔（钻井）正在变得日益普及。即人们在地下钻出一个水平孔，然后将管道穿入孔内，也就相当于在沟壑内铺设了管道。水平钻孔将对交通与当地商业的干扰程度降到最低，更多地方便了用户，改善了与公众的关系，并更多地减少了公共设施的费用，因为此举保持了它们的原始条件。比如可以用塑料管材来代替一些年久的铁制品。

6.6　配气系统的维护

配气公司的最大任务之一就是维护，主要是修复干线与服务线路，维修的第一步就是确定待修复管道的位置。管道的位置还包括为铺设管道的公司、电视电缆架设者及其他第三方标出的天然气配气的管道线路。配气公司还对因为管线的定向不够精确而由任何第三方损伤产生的维修费用全面负责。

与铁管相比，塑料管道比较便宜且易维修，但在地下难以发现。典型的做法是将示踪电缆与管道一同铺设，然后检测其所发出的无线电信号。人们用手持式接收器沿管道移动，直到信号达到它的最大强度。示踪电缆系统已被证明是相当可靠的。除了示踪电缆之外，一些配气公司还利用系统的分布图来为管道定位，还有少数配气公司使用电子管道来确定系统的分布。

裂缝修复是配气公司的另一项标准维护责任。金属管道的腐蚀是导致天然气干线地下泄漏的首要原因。然而，由第三方损伤而导致的泄漏也是很重要的原因，因为管道的正常破裂与损伤也是很常见的。

在绝大多数情况下，塑料干线出现泄漏就采用修复而不是替换，而出现了泄漏的金属管道则常常用塑料管材替换。在修复出现裂缝的塑料管道时，应将出现泄漏的管道切割下来，换上新的管材。铸铁或钢制的管材也可以被修复，但施工的难度要大得多，且费用昂贵。

一旦裂隙被修复，配气公司必须将维护点恢复到原状。完成填土后，地面要被彻底夯实，以确保施工结束后不会发生地面塌陷。

6.7 其他的配气项目

除了将天然气送抵用户外配气公司还扮演着一些服务的角色，许多公共设施也被纳入其服务项目之中，比如出售天然气配件等。基本的用户服务包括天然气计量表的安装与读表，打开及关闭天然气的开关等。配气公司用来查看用户计量表所花费的时间要远远多于干线操作与检漏方面的。用户的使用记录储存是配气公司的另一项服务。这些服务的费用大致是维护配气管网所花费资金的两倍之多。然而，计算机化的系统正在尽可能多地取代上述大部分工作。

参 考 文 献

npb associate, *Distribution Survey*: *Costs of Installation*, Maintenance and Repair, and Operations. Gas Research Institute Report, www.gri.org.

7 天然气的利用

7.1 天然气的消费

天然气工业的全部运作只有一个目的，即将天然气作为能源安全地供给相关的设备或者其他燃气设施使用。天然气用户或者其他终端用户大致可以分为三大类：居民用户、商业用户和工业用户。此外，公共设施与其他发电设备利用天然气来发电，一些汽车也用天然气做替代燃料。

居民用户用天然气产生热量来烧热水、做饭、烘干衣物，使用天然气壁炉来取暖。虽然美国的居民用户是天然气的最大消费者，但他们所消费的天然气仅占所输送气体总体积的1/4。商用用户所消费的天然气约占总消费的14%，主要用于取暖和加热水。一些大型建筑物内还使用以天然气为动力来源的空调，许多饭馆用天然气做饭。工业用户的消费约占天然气总消费量的44%。在工厂中，要消费成千上万吨的燃料，以生产出从纸张到小轿车等各种各样的工业产品。

在20世纪70年代早期，能源危机迫使工业用户减少了它们对石油、天然气和其他能源的消耗。为了减少加热与制冷的能耗，建筑物内的此类设备被削减了。几乎所有的工业流程都进行了修改，变得更为有效。而且，在美国，人们对环境的关注日益增加，出台了一系列关于保持清洁空气与水的法律。虽然能源的价格已经合适了，但现在天然气的使用方式、使用天然气的工具及其他设备反而向着更加节约的方向发展。

在建筑物内部，管道将天然气输送到每台设备或用具上。传统上，粗大的管道用铸铁（"黑铁"）或钢制成，这种管道一直在配气系统中使用，而且迄今依然是用得最普遍的一种类型。然而，众多的天然气公司最近已经开始动员建筑者使用弹性的管材，这种管道用铜或耐腐蚀的不锈钢制成，在建筑物内部输送天然气（图7.1）。

虽然这些材料更为昂贵，但它们的安装也更为快捷方便，所以劳动力费用的节省就会出现更低的价格。此外，一些家庭还安装了天然气的"输出接口"，类似于家庭里的电源插座。这些使得人们更方便的移动用气装置或将其进行清洗或维修。

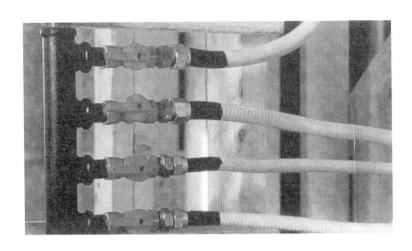

图 7.1　弹性天然气管（照片经天然气研究所许可）

　　许多乡村地区还没有享受到输气管道公司带来的服务，这些地区的居民常常使用自家的或者从燃料供应者那里租用液化气罐。几乎所有的天然气装置都可以经改装后使用丙烷来代替天然气。

7.2　民　用　气

　　取暖是迄今美国居民使用天然气最重要的目的，水的加热是第二大用途。对于单个的家庭而言，典型的天然气利用是有一台天然燃气炉为动力的水加热系统（图 7.2）。实际上，这些加热炉是 80% 以上的居民所使用的天然气加热装置。1992 年，联邦法律要求制造商生产燃烧效率高达 78% 的天然气燃炉。此之前，燃气炉的效率一直在增加着，而且各种类型的燃气炉相继投放市场，到了 20 世纪 90 年代，燃气炉的效率已达 90%。绝大多数产品使用风扇将空气抽入炉内，"抽吸"风扇将空气抽出，而"强制"通风扇将空气送入。现在，燃气炉已经安装了"调节性"炉具，通过调节热输出渐渐地代替了循环，进而保证了温度的稳定（图 7.3）。

　　民用的热水器也用上了天然气，尤其是在美国的东北地区。热水器可以产生蒸汽或热水，在散热器或循环加热的管子内循环。在较暖和的地区，天然气房间加热器和壁炉加热用得更为普及。天然气房间加热器可以被抬起来并可移动，与电加热器相似，天然气壁炉加热系统可将一些炉具镶入墙内，以增加效率（图 7.4）。

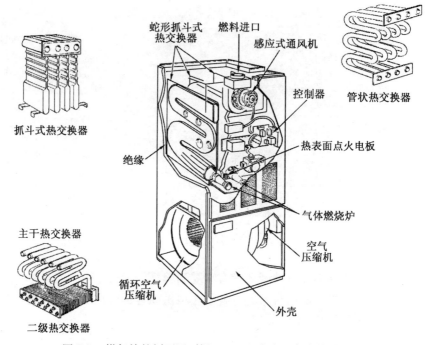

抓斗式热交换器

主干热交换器

二级热交换器

蛇形抓斗式热交换器

燃料进口

感应式通风机

控制器

管状热交换器

绝缘

热表面点火电板

气体燃烧炉

空气压缩机

循环空气压缩机

外壳

图 7.2   燃气炉的剖面图（据 GATC《焦点》杂志的图重绘）

图 7.3   Rheem Comfort 控制调节天然气炉（照片经天然气研究所许可）

与针对炉具的相似，联邦法律也要求天然气热水器从 1990 年开始达到更高的效率指标（"能量因素"）。图 7.5 为一种典型的家用天然气热水器。天然气热水器一般要比电热水器用起来更便宜。户外的热水器多安装在院子里，可以用来调节气候。

民用天然气炊具已经改为密封式的炉具，更易清洗，而多功能的炉具可以为更大型的炊事用户提供服务。更新型的天然气计量仪与炉具也变得更加整洁而时尚，或者比十几年前更为欧化。人们已经开发出适用于在空间有限的公寓和厨房内使用的小型天然气用具，而且，许多天然气炉具具有与电炉相同的自我清洗功能。

图 7.4　绝缘式壁炉（照片经天然气研究所许可）

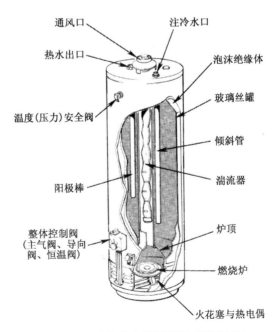

图 7.5　天然气热水器剖面图（据 GATC
《焦点》杂志的图重绘）

　　最近，引进了各种各样的燃气炉具，包括一些天然气测量仪，用来代替那些经过改造的原来烧木材的壁炉、无遮掩式壁炉以及其他一些烧天然气的壁炉（图7.6）。一些制造商还提供了"无排风口"天然气壁炉，它不需要烟囱或排气管。在20世纪90年代，燃气炉具产品大增，尤其在空气质量差的市区，那里已经禁止燃烧木材。一些炉具产品的生产厂家引领了这一增长，但一些区域性天然气配气公司依然把燃气炉具作为一种副业而不太上心。

图7.6　天然气壁炉（照片经天然气研究所许可）

　　在90年代那些售价较高的新型住宅中出现了更多的燃气炉，炉具也正在被开发成为可给房间供暖的产品。天然气工业和炉具产品制造商希望这些产品能够继续保持良好的销量。最终的结果是，燃气壁炉和其他一些炉具产品要比炊具消费更多的天然气。

7.3　商　用　气

　　天然气的商业用户大增，包括宾馆与客栈、快餐店与全天营业的餐馆、商店与食品杂货店、医院与看护房间、中小学与高等院校、大型超市与减价商店、洗衣店、办公大楼以及仓库等等。与民用的相比，商业用气的主要用途是加热。

　　在一些小型商业用户中，许多燃气炉、锅炉和热水器与民用的非常相似，仅仅容量大一些。天然气加热系统常常安装在商用建筑物的楼顶。这些楼顶的装置也倾向于"集成化"与"易包装化"，而不是大型的、中央式供热系统。与炉具相似，楼顶的设施也变得更为有效并易于安装了，一些制造商提供了一些可以调节的燃气炉具（图7.7）。

图 7.7　Trane 楼顶式加热设施（照片经天然气研究所许可）

　　水的加热是商业用气的第二大领域。在美国，约80%以上的商用热水器是以天然气为能量来源的。天然气加热水在洗衣店、美容院以及其他一些需要使用大量的热水的商业性场所格外流行。在餐厅，燃气热水器被用来增加洗碗水的温度，以达到政府法令所规定的标准。

　　饭馆、医院和学校中的天然气做饭用气量正在增加，这已成为商业用气中第三大市场。许多厨房的主人只能靠天然气做饭，一些商用天然气在一些昂贵的住宅区中使用了。商业性餐馆的特殊天然气炊具包括几个炉具的组合、"贝壳式"（双面式）烧烤器/浅锅以及常规的炉具。燃气炊具经过特别地设计，制造出了供快餐店使用的类型，包括大容量的煎锅（图7.8）和浅锅。天然气工业将这些炊具制作得更易操作，所以快餐店的雇员仅需要极少的培训即可上岗实际操作。

图 7.8　Frymaster 大容量煎锅（照片经天然气研究所许可）

7.3.1　天然气制冷

　　与民用天然气有所不同，许多大型商业性建筑物内像加热一样用天然气来调节空气。中央冷却水系统在医院的各个场所、大学校园以及办公大楼中都是常用的。绝大多数以天然气为动力的制冷机采用吸附原理，产生冷却水进行空气调节（图 7.9）。这些制冷机的特点在于安静，操作无故障。相对于电动制冷机来说，天然气制冷机的吸收部件用水制冷，取代了那些可以导致全球变暖的化学物质。由于政府限制了这些化学物质的使用，一些电动制冷机正在被天然气制冷机取代。

图 7.9　York Millennium 天然气制冷机
（照片经天然气研究所许可）

　　其他商用天然气空气调节的方法是发动机驱动制冷机。天然气发动机已使用了多年用来为制冷提供动力，但仅仅在最近才发生了重大变化，高效而紧凑的系统已经实现并变得流行起来。天然气发动机驱动制冷的原理是很简单的——用天然气发动机代替常规制冷机中的电动机。这台发动机为压缩机提供动力，它可以产生冷却水。天然气发动机在空调设施中具有比电动机更为先进的特点。比如，这种发动机可以根据大楼内的需要而调节，使制冷更加有效。此外，发动机所产生的热量还可以被再循环，用来产生热水以供其他的楼房使用。

　　一般而言，购买以天然气为动力的制冷机要比常规的电动机贵一些，但其使用费用则要低于后者。商业用户使用的电动机在白天或夏季需要花费大量的资金。即使存在电力市场的不规律性，但绝大多数工业家依然不希望"需求高峰"的电价降低。

通过减少或降低利用高峰的费用,以天然气为动力的制冷机能够降低商业用户能源支出与公共设施的费用。一些商业大楼的管理者正在安装"混合式"空调系统,它混合使用天然气与电力驱动的制冷机。对这些设施的选择取决于在一个特定的时间内天然气与电力的价格比。通常可在白天使用天然气制冷机,那时的电价较高,而在夜间的"非高峰"时期使用电力制冷机。最近,一位制冷机制造商引进了一种混合装置——将一台天然气发动机与一台电动机组合在一起。

除空调之外,"天然气制冷"这一概念还适应于需要较低温度的冰箱。与制冷机相似,冰箱系统也可以天然气为动力。冰箱的这些进步与空调机的进步非常相似,主要目的在于降低电费。用户的建筑系统也已经形成了一些标准的模式。

最早出现在市场上的以天然气为动力的制冷机是制冰、滑冰场、酿酒、制饮料、肉类的包装以及冷藏(冷库)。在 20 世纪 90 年代,天然气制冷机在其他食品加工机械中得到了更为普遍的应用。

7.3.2   空气去湿

商用天然气的另一个增长点是空气去湿,即在空气从户外进入建筑物的加热与制冷系统之前去湿。在 20 世纪 80 年代,商务楼建造时安装了很少的换气设备,为了节约能源,整座大楼内的空气是循环使用的,仅仅混合了极少量的室外的新鲜空气。然而,人们很快就认识到这种做法对室内空气质量是很不利的,使空气变得不新鲜甚至浑浊不堪。因此,质量低劣的通风设备常常会导致"办公室综合症",在这些建筑物内,地毯和其他家具内的化学物质混入循环的空气中会导致头疼和其他综合性疾病。

最近,加热与空调工业改变了过去官方公布的通风标准。建筑物内需要引入三倍的新鲜空气,以提高室内空气质量。然而,人们并没有设计使用电动空调系统来将如此大量的新鲜空气吸入室内,进行空气交换,尤其是在那些高湿度的地区。常规的电动空调机用吸附的方式除去室内空气中的湿气,这需要将空气冷却到非常低的温度,然后再将其加热到适当的温度。显然,这是一种非常低效的方式。

这就是天然气除湿机出现的原因。天然气工业多年来已经开发出多种用于空气中除湿的系统。这些系统使用干燥剂(比如硅胶),通过吸附的方式除去空气中的湿气。天然气的热量可以用来对这些干燥剂进行"再生"，或者恢复它的吸收湿气的能力。这些早期的天然气除湿系统最先使用在超市和医院，在这些地方，空调系统中的凝水会引起费用过高甚至导致室内的不安全。

随着通风标准的改变，天然气干燥系统正在变得更加普及（尤其是在潮湿的气候区）。在大多数情况下，它们被用于空气进入空调系统之前的"预处理"（评价空气的湿度与温度）。目前已经开发并销售了大量产品，包括单一的通风设施和较为复杂的通风系统，它们可以回收建筑物内排放空气的能量并用它来进行再生式干燥（图 7.10）。一些类似的通风产品已被用来代替那些常规的楼顶电动式空调机了。

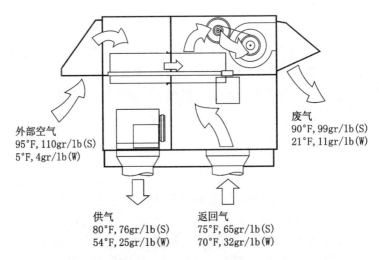

外部空气
95°F, 110gr/lb(S)
5°F, 4gr/lb(W)

废气
90°F, 99gr/lb(S)
21°F, 11gr/lb(W)

供气
80°F, 76gr/lb(S)
54°F, 25gr/lb(W)

返回气
75°F, 65gr/lb(S)
70°F, 32gr/lb(W)

图 7.10 干燥能量回收系统图示（得到 SEMCO 公司许可）
S—夏天；W—冬天

7.4 工业用气

在工业用户中，天然气的应用范围极为广泛。与民用和商用客户相似，工业用户也用天然气为他们的工厂和车间加热并制冷。但大量的天然气是被用于工业锅炉、热水器、溶解器、干燥器和其他制造设备。对工程师与制造商来讲，天然气在工业上的应用"只有想不到的，没有做不到的"。

美国的天然气工业用户被分为几十种，但绝大多数天然气用于产生热量与蒸汽，它们可以用在金属的冶炼、加工、锻造，塑料与玻璃的加工成型，纸张的烘干，纺织工业，涂料工业，外层包装，玻璃的熔化以及其他工业项目。天然气还被用来做"工业原料"或"原材料"，用于从石油中生产化工原料，比如汽油等。

7.4.1 炼钢与金属冶炼

在过去的 20 年中，钢铁工业已经开始将更多的废料金属进行再循环使用，美国大约 40% 的钢产品属于此类。这种废料金属在电弧炉内被熔化，这是一种非常昂贵的工艺。为了增加发热强度，钢铁工人使用了高温天然气氧化炉，这可以提高废料金属熔化的效率与产量。这种"氧气—天然气"炉（图 7.11）也有助于除去电炉内的冷节点。到了 20 世纪 90 年代，美国 1/4 以上的电弧炉用上了氧气—天然气燃烧炉。这种燃烧炉在其他工业（比如玻璃的熔化）项目中也得到了大力推广。

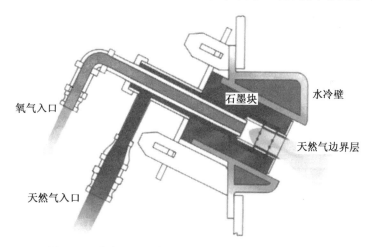

图 7.11 氧气—天然气炉（得到天然气研究所的许可）

天然气还被用做鼓风炉使用的附加燃料，在这种炉内，将铁矿石熔化炼成能生产钢的生铁。焦炭（煤的一种副产品）是鼓风炉的主要燃料，但当天然气与氧气的混合气被喷射入鼓风炉后，就不需要多少焦炭了。天然气的加入会减少炼铁的成本，并增加鼓风炉的产量。

天然气还被用来炼钢，可以提高炼钢的质量。比如，当一条灼热的钢条从炼钢厂的滚动转送带上卸下来时，钢的两端就会比中间冷却得更快。在炼钢的过程中，天然气用来降温。这一工艺称为连续的钢条加热或者"退火"。同样，在钢的再加热炉内使用天然气炉，可以除掉钢产品上的冷点。

特殊的天然气炉也被用在炼铝业及其他有色金属的冶炼中。为了节能，美国的所有铝制造商都使用"再生式"天然气炉。在炉内，有两个炉子切换开关。"关闭"的炉子从"开启"的那个炉子的排放物获得热量，并用它来预热炉内的空气，这样可以减少燃料的消耗（图7.12）。约每隔20s，这个动作重复一次。再生炉在其他一些行业中也得到广泛使用，比如铸造与热处理。

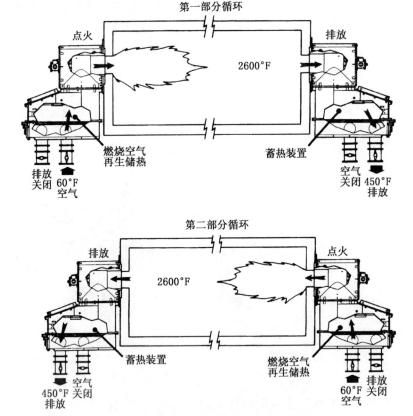

图7.12 再生炉（得到北美制造公司的许可）

7.4.2 热处理

几乎所有制造业都会使用经过热处理的产品。工业生产中，用于热处理的炉具要远远多于任何其他的制造工序。实际上，美国热处理炉具与其他工艺炉具的比例大致为3∶1。热处理（是指人工控制的金属或合金的加热和冷却）的目的在于给所加工的物质赋予某些特定的性质。比如，金属产品的热处理使其变得更为坚硬且更加耐磨损并可防止裂隙的出现。

天然气是热处理装置中传统的优良燃料。除了对产品进行加热之外，天然气还被用于形成炉子内的一种"可控制空气"，它既防止金属被氧化又可增强化学反应，从而提高产品的质量。绝大多数热处理炉是空气控制型的，许多工艺使用的是再生式天然气炉，以提高热处理的效率。一些较小的热处理工厂使用白炽天然气炉。这些炉具对产品的加热速度要大大高于电炉，而且可以回收，拥有比较高的热效率。白炽天然气炉可以用金属或陶瓷来制造，并且可以用在其他工业领域的热处理行业中。

还有一种热处理炉可以产生一个真空的内部环境，能够防止金属被氧化，如果对产品质量有更高的要求，可以在炉子内注入一些化学物质（比如碳或氮）。真空热处理可以得到比控制空气法质量更高的产品，但价格也要更高一些。虽然真空炉远不如空气控制炉那样普及，但它们也得到越来越多的推广。以前，几乎所有的真空热处理炉都是用电加热的。到 20 世纪 80 年代后期，天然气真空炉也投入使用，从此，天然气真空技术得到了快速发展，以达到许多热处理产品所需的高温（1900 ℉ 或 1040℃ 以上）。

7.4.3 玻璃制作

天然气是玻璃工业中所使用的最主要的燃料。玻璃在一个巨大的天然气炉中加热到 2800 ℉（1540℃），这种炉子每天可以生产出几百万吨玻璃产品。这些炉子具有专门吸收排出的热量装置，这些热量随后可以被用来预热燃烧的空气。许多玻璃的生产商已经安装了氧气—天然气炉子，以提高生产效率。然而，因为玻璃加工需要较高的温度，玻璃融化炉会产生大量氮的氧化物，虽然这些挥发物并不会大范围地扩散，但美国加利福尼亚南部的玻璃工业依然被要求必须减少这种氮氧化物的排放。

达到这一要求的方式称为"富氧分阶"（图 7.13）。这一技术的过程为：先使炉子内的火焰缺氧（减少其氧气的供应），这可以防止氮的氧化物生成。接着，在随后的操作中，将富氧的空气注入炉子内，以燃烧掉所有残余的燃料或一氧化碳。通过安装几个氧流量计和注入器，玻璃炉就很容易适应这种富氧空气分阶处理。天然气工业开发了一项新技术——脉动式燃烧，可以进一步减少氮氧化物的排放。

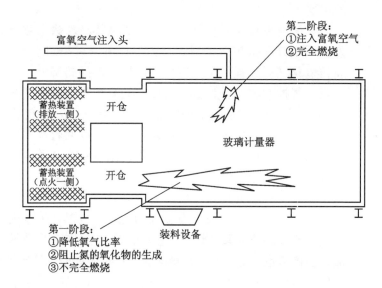

图 7.13　玻璃熔化炉内的富氧空气分阶处理（得到燃烧技术公司的许可）

　　玻璃的原材料或玻璃片（碎玻璃）在被熔化之前也能被预热。预热处理可以减少整个熔化过程中所需的燃料和氧气量。这种装置可以吸收来自熔化炉废弃的热量并用它将玻璃预热到 900 ~ 1100 ℉ （480 ~ 500℃）。

　　当玻璃被熔化之后，天然气还可以用来对玻璃制品进行回火处理。回火是生产汽车与建筑用玻璃的关键处理步骤。常规上，人们使用电子辐射热进行玻璃的退火处理。最近，研究人员实验用燃气对流热进行回火处理，取得了极好的结果。

7.4.4　工业干燥与处理

　　许多产品的制造过程需要干燥处理，包括纸张、涂料、纺织、塑料，甚至一些水果的加工。电子红外加热技术已在这些产品的加工过程中得到广泛应用，但天然气红外炉最近已成为这一市场上强有力的竞争者。在造纸工业中，陶瓷与金属制成的天然气红外炉被用于烘干纸和纸板上的涂层。目前，在纸张的生产线上正在安装这些炉具，用于提高纸产品的质量并攻克生产的瓶颈。在纸张进入常规的干燥器之前，通过用天然气红外炉来预热潮湿的纸张，可以提高产量，增加干燥器的工作速度与能力，并可提高处理的效率。此外，一种新型天然气红外干燥器与加热器组合正在加紧研制，将用于造纸机械。

天然气红外加热还被用于自动化制造业中，以修复汽车的涂料。汽车涂料的应用正在增加，它已不用溶剂液体，而改用粉末状材料。粉末状涂料可以除掉那些容易挥发的化学物质，但却需要精确地控制操作时间与温度，以保证完美的结果。在汽车进入养护炉之前，天然气红外炉能够将粉末涂料"胶结"在需要修复之处。用天然气预热处理还可以使汽车更为迅速地通过养护炉，进而提高产量。

在塑料工业中，电干燥器用来在塑料制品定型之前对其烘干，或者将塑料挤压、拉伸成最终产品，比如尼龙和聚酯。最近，天然气工业已开发并引进了一些工业干燥器，它们是按照加工塑料树脂的工序设计的。这些塑料干燥器可以处理吸水的或不吸水的树脂，这种干燥器还可用来在聚酯塑料被压制成饮料罐或其他产品之前改变其分子结构。

7.4.5　锅炉与蒸汽的生产

生产人员将蒸汽热量用于多种工业的工序中。比如，生产化学物品、纸张和制药业中需要大量的蒸汽。人工制造的蒸汽是在大型工业锅炉中生产的，这些锅炉以天然气、石油、煤、木材（树干）为燃料，或者使用混合燃料。与其他工业处理一样，不断增加的能源价格已经促进了锅炉效率的提高，而且空气质量的调整也开始要求锅炉降低其排放物。

锅炉制造商通过开发与引进燃烧天然气的锅炉，已经能够满足上述要求，这类锅炉高效且产生的易挥散的氮氧化物极低（少于25/1000000）。这些工业锅炉的功率可以达到3000hp（2240kW）。通过使用天然气作为煤和其他主要燃料的补充，大大减少了空气污染物。

7.4.6　食品加工

食品加工业是美国最大的制造业之一，同时也是最大的能源消耗者之一。食品加工过程中天然气的消耗主要来自产生蒸汽的锅炉。这些蒸汽在消毒、灭菌、罐头制作、烹饪、烘干、包装、设备清洗及其他的加工工序有很大的需求。食品加工业是最早使用高效、低排放的天然气锅炉的能源消费大户之一。

食品加工工业还在清洗、漂白、发泡和灭菌等工序中使用大量的热水。天然气是食品工业用来加热水和其他液体的重要工业燃料之一。人们已经为食品和其他设置开发了一些特制的、极为高效的工业热水器（图7.14）。此外，食品工厂还用天然气来进行烘干、烹调及焙烤、冷藏、制冰和除湿。

图 7.14　直接接触式热水器（得到 QuikWater 的许可）

7.4.7　热电联供

　　天然气还广泛地应用在发电行业，而且锅炉所产生的蒸汽也能用来发电。当制造业不需要蒸汽时，也不会将锅炉关闭，而是继续保持运转，锅炉所产生的蒸汽可以被送往汽轮机发电。一些大型工业锅炉可以产生几千千瓦的电量。

　　在 20 世纪 80 年代，美国联邦法令鼓励地方公共部门从天然气用户手中购买电力，许多生产商在自己的工厂与车间安装了"现场"发电设备。这些设备还常常称为"现场消费"或分散的发电厂。如果同时产生电力和热量（蒸汽或热水），就可称为"热电联供"。热电联供要比纯发电更为高效，这是因为废热可以被回收并利用。热电联供还称为"热与电的结合"，在 70 年代，这曾被称为"总能源系统"。

　　大型工业天然气用户率先使用现场发电与热电联供，但最近几年，天然气工业已经为小型工业与商业用户开发出了体积较小的设备。典型的代表是这些系统所发出的电少于 50MW。在较小的热电联供系统中，用一台往复式发动机代替涡轮机发电，从发动机与辐射热流排出的热量可以被回收。这些设施的发电量不超过 5MW。

通常，只有用户使用回收热量时，这些较小型的商用设施才具有经济实用性，比如用于游泳池、洗衣店、室内热水器或者大型建筑物内的加热与空调等（回收的热量适用于动力吸收式制冷机）。在这些情况下，热电联供系统的总体效率可达 70%，高于常规的能耗设备。虽然小型的热电联供系统在市场上的成功率较低，但是，电力设备工业的这种反常规的系统可以为商业用户和小型天然气工业用户提供多种机遇——在天然气配气工厂或热电联供系统中产生自己的电能。

7.5 发 电

一般来讲，除核电厂之外，许多公共设施可以用大型锅炉发电，这可以产生数百兆瓦的电力。这些基础发电厂（可以为整个国家提供大量的电力）主要是以煤为燃料的，较小的高峰调节工厂（可以在夏季或其他高峰用电时供电）则常常以天然气为动力。最近，大型基础电力设施已经开始大量使用天然气，以减少硫化物、氮化物与颗粒物（煤烟或烟尘）的排放。

7.5.1 天然气涡轮机

涡轮机与喷气式飞机发动机相似，可以采用各种能量为动力，包括水力发电、核能或者化石燃料（如天然气、石油和煤炭）。涡轮机产生机械能以驱动发电机，它可以将涡轮机的能量转化为电能。天然气可以直接用于以蒸汽为动力的涡轮机（使用以天然气为燃料的锅炉产生的蒸汽）进行间接发电。许多高峰调节的工厂用天然气涡轮机发电。

天然气涡轮机可以达到极高的效率（可达 40%），而且极少产生氮的氧化物（低于 25/1000000）和其他空气污染物。一些发电机使用"组合循环"，这种设施将蒸汽与天然气涡轮机结合，以达到更高的整体效率。在美国，联邦政府支持开发更为高效、更低排放的天然气涡轮机的研制与开发，旨在进一步提高空气质量。

7.5.2 共燃与再燃

联邦政府的法令要求发电厂（也称为中心发电站）减少空气污染物

的排放。硫氧化物的排放可以用一种称为静电除尘器的设备来控制，特制的燃烧炉与催化剂可以减少氮的氧化物的排放。然而，这些技术可能引起一些操作问题，在一些情况下还会减少锅炉的功率或输出的能量。最近，许多公共设施和发电厂正在转向使用天然气，将其作为一种锅炉的补充燃料以减少排放量，而且，此举的一种优点在于可以提高锅炉的功率。在这些技术中，天然气供给锅炉的热量约占总热量的 20% 或略低于此值。所以，目前，煤或其他燃料依然是主要的燃料。

共燃是大型公共设施锅炉中最简单的使用天然气的设备（图 7.15）。天然气锅炉的原理是将天然气直接喷射到锅炉的燃烧室内，这些天然气与煤"共燃"，或一起燃烧。这种共燃可以减少硫化物与氮氧化物的排放，并减少不透光物质（颗粒排放物）的排放。

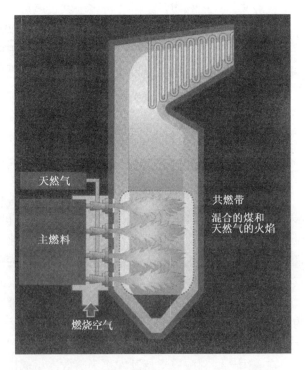

图 7.15　天然气共燃（得到天然气研究所许可）

在再燃中，将天然气喷射到锅炉内煤的燃烧面上，以便对燃烧的物质进行"再燃"。天然气再燃可以极大地减少氮氧化物的排放，燃烧效率可达 50% 以上。共燃与再燃可与常规的排放物控制技术结合起来，进一步减少排放物。

7.6 运输工具燃料

在运输领域，天然气的用途包括在加压站的管道中所消耗的天然气和运输工具所使用的天然气。加压站消耗的天然气仅占天然气总消耗量的 3% 左右。用于交通运输的天然气量并不太大，但却会迅速增加。

天然气可以作为与汽油或柴油一样的燃料使用于小汽车、大卡车、公交车和其他车辆。天然气能够极大地减少可以引起城市烟雾的空气污染物的排放。除了提高空气质量之外，天然气还可降低燃料的价格并延长发动机寿命。通常，天然气被压缩并储存在汽车车厢内的几个圆柱形钢筒内。然而，一些大型的、任务繁重的车辆，比如垃圾运输车等，就使用液化天然气。一般而言，天然气作为车用燃料仅仅用于车队，它可以在中心区域进行加注，而且可以用在小汽车和大卡车上。

在美国，天然气配气公司率先在他们自己的车队使用天然气。在那些汽油和柴油更为昂贵或空气重度污染的国家，政府已经要求将汽车转换为使用较为清洁的、可以国产化的燃料。

为了提高空气质量，美国联邦法律要求从 20 世纪 90 年代早期开始，车队开始使用天然气或者其他替代的车用燃料。美国的邮政服务就在全美实现了替代燃料汽车的最大车队的组建。除联邦法律之外，绝大多数大城市都有自己的关于汽车排放的标准。到 90 年代后期，美国数以万计的车队开始使用天然气燃料，包括城市公交车、机场公交车、学校校车（图 7.16）、包裹运送车、垃圾车、街道清洁车、铲车等，甚至还有一些警用轿车。

天然气燃料汽车（NGV）可以使用双燃料，也可以使用单一燃料。双燃料汽车可以使用天然气或常规燃料（典型的燃料是汽油），这类汽车的驾驶员可以在天然气用完后转而使用汽油。许多双燃料汽车现在使用相对简单的配套设备，在工厂里和车队中都如此。专用 NGV 的汽车仅仅使用天然气，且行驶的距离有限（每次加气后的行驶距离不超过 200mile）。

主要的美国汽车制造商以及国外的汽车制造商大多生产使用天然气、汽油双燃料的小轿车、工具车和卡车。福特公司出售专用 NGV 的小轿车、工具车和卡车，戴姆勒·克莱斯勒公司出售一种专用 NGV 的工具车。绝大多数重型发动机的制造商为公交车和卡车提供了专门使用天然气的新产品。通常，这些大型发动机可以使用压缩的或液化的天然气。

图 7.16   以天然气为燃料的校车（得到天然气研究所的许可）

美国的 NGV 市场因缺少加气站而受到了限制。1997 年，有不到 1500 家天然气加气站开张营业。车队常常建立自己的私人天然气加气站，为其车辆提供服务。天然气工业正在开发燃料的储备技术，以增强 NGV 的行驶里程并减少它们的费用。

参 考 文 献

Gas Appliance Technology Center，*GATCFocus*.
Gas Research Institute Digest.
American Gas Association，*Gas Technology*.

8 天然气工业立法史

8.1 引 言

出于本章阐述的目的，规章被定义为被政府的有关当局所确定的，具有法律威力的条款或要求。自从人类社会文明萌发以来，已经确定了一个又一个管理性规章。在现代社会中，规章制度的条款约束着个人或团体在健康、安全和大众福利等方面的利害关系。规章是基于法律或规范，由政府机构制定的。

在美国，宪法是在像 Adam Smith 这些经济学家在支持"Laissez-faire"（注：法语，意为"放任政策（尤指商业）"）的观念时写成的。这是生产与交流的自然法律，它们被溶入了宪法——假定市场应该成为自我约束的场所——那生产者就应该为自己的产品设定一个市场所能够接受的价格。如果产品的价格过高，消费者可以不买它，或者购买价格较低的代用品。

美国最高法院认定一家公司就是一个独立的个体，从而影响了政府制定商业性规章的能力。由于这些早期的法规，法院已经做出了更多的规定，它们确定了政府控制公共部门的权力以及一些公司遵守法规的义务。

公共规章是基于以下前提而制定的：在某一区域内垄断是不允许的，必须要有几家公司为消费者提供竞争性服务。而法规是对竞争进行控制的一种有效手段，可以保证以良好而公正的价格为消费者提供合适的服务。

公共政策的基本任务如下：

（1）保证消费者的权益，公共服务满足规定的标准，服务的质量与该服务的收费标准应合理匹配，而且，服务应该满足用户的长期需求。

（2）允许投资者获得来自其投资项目的良好而合理的回报。

8.2 早期的规章法令

早期的天然气公司需要大量的投资来建厂，并用于生产天然气并在街道上铺设管道，因此对天然气公司的投资被认为是一种冒险行为。为了克服这一困难，天然气公司获得了可以为一个区域提供服务的专有经营权，这一特权授予天然气公司在公共街道与高速公路上安装、运行以及维护自己设施的权力。专有经营权规定在同一区域内其他天然气公司不得享受同等权力，这样就减少了投资风险，而且天然气公司也能够获得设备投资所需要的资金。

19世纪中叶，天然气工业得到了迅速的增长。天然气公司被认为是良好的投资对象，而独一无二的专有经营权已经不再是自己赢利的主要因素。到了19世纪末期，天然气的使用已相当普及了。当天然气公司彼此之间紧挨着建造自己的设施时就引发了激烈的竞争。在许多城市，天然气的价格起伏不定，直到只有一家公司存活下来。这家公司就把自己的价格抬高到一个苛刻的水平，来找回自己的损失。

政府部门认为，提供相同服务的公司之间无限制的竞争是巨大的浪费，而且常常不得不控制这些行为。解决的办法是发展公众服务形式的多样化。

在这一时期，天然气工业面临着一种新的竞争挑战——1876年发明了电灯。这种新的发明很快就涌入照明市场。结果，许多小型的天然气公司无法抗拒这种竞争，纷纷合并或重组为一些大型的天然气公司。这些大型的天然气公司凭借着较强的经济基础，能够开发出用于生产天然气的更为先进的工艺并发展天然气的一些新用途，比如做饭、烧水以及房间内的加热。到了竞争的后期，天然气照明在20世纪初期为天然气设施保留了重要的市场份额。

早期的美国州政府对天然气立法的努力往往是不成功的。许多州成立了铁路委员会，以规范迅速增长的铁路工业的各种活动。在一些州，这些委员会拥有制定公共事业规章的权力。这些委员会的影响是值得怀疑的，所制定的规章中绝大多数仅仅是监控和建议性的。第一个对天然气和电力公司具有法律约束力的州法规是1885年诞生于马萨诸塞州的天然气委员会委员守则，这是一个强制性法规。

关于公共事业委员会的综合性法规条款最早于1907年在美国威斯康星州与纽约州诞生，其他州很快就紧随其后。到了20世纪90年代，有50个州成立了约束股票持有者拥有公共事业的法律委员会，其中就包括天然气公司。就联邦政府而言，1887年的州际间商务活动的增加影响了公司运输及跨州服务的进行，1906年对此行为的一项修正案特别强调天然气管道公司可以获得州际商务委员会的经营权。

从 1900—1930 年，多家持股公司成立，它们管理着新生的一些天然气管道公司的运营。许多这类公司还控制着分布在不同州的天然气配气公司。1935 年，"公共事业持股公司行为规范"给证券与交流委员会对电力与天然气持股公司扩大经营权。这一特权适用于那些持股 10% 以上的公司。这些举措的结果是许多天然气公司分化为可以独立运营的公司。

然而，"公共事业持股公司行为规范"不适用于那些控制着州际间输送管道的公司。随着从产气田到工业区的长距离输送的实现，许多大型运输公司的服务跨越了许多州。然而，州法律制定者并没有控制州际管道公司服务效率与服务条件的权力。

在第二次世界大战结束之际，天然气工业迎来了一个迅速发展的时期。随着国家经济的增长，将天然气输往东北部地区的能力引发了对天然气需求的大增。事实上，当时的需求是非常大的，在新增输气管道建成之前一直得不到满足。与这一迅速的扩张相伴的是经济的膨胀，所以，天然气的价格也不得不频繁地变化，以适应运营费用的增加。

8.3 联 邦 法 规

与美国所有的工业一样，天然气工业也受许多由联邦立法机构颁布的法规的约束。例如主管健康及安全方面的行政部门对雇员的安全制定了法规，安全交流委员会对资助和财政报告等制定了相应的法规。除了这些常规的工业法规之外，还依法建立了一些联邦机构专门负责能源工业，包括天然气运输与配气公司。表 8.1 总结了影响天然气工业的联邦法规与其他举措。

最早的直接影响天然气工业的联邦政府法规是 1938 年的天然气法令。该法令授权成立于 1920 年的联邦电力委员会（FPC）制定关于水电站大坝建设的法规，并制定关于州际管道公司的法规。FPC 的特权还在于：

（1）规范州际间商务活动中的天然气交易；

（2）为天然气的销售与运输制定价格与税率以及相关的合同；

（3）为州际间管道公司授予公共事业与必需品的合格证，并要求这些公司为全市或一些大公司提供天然气服务；

（4）为州际间管道公司提供一致的账户管理；

（5）为相关的行政主管部门提供定期的报告；

(6) 帮助储存一定量天然气的资源。

当天然气法令通过以后，就不仅仅适用于天然气的生产者了。然而，在第二次世界大战中，随着天然气需求量的突然增加，天然气生产者也将价格大大提高了。提价涉及管道与配气公司，它们被要求提高价格，以达到其相应的水准。这种情况到了1954年就发生了改变，当时发生了菲利普斯（Phillips）石油案，美国最高法院裁定所有生产者均受到"天然气法"的约束，因此，也受FPC的约束。

表 8.1　影响天然气工业的联邦法律与其他措施

措　　施	时间（年）	总　　结
《天然气法》	1938	授权联邦能源委员会（FPC）制定州际间管道公司法规
《美国最高法院对菲利普斯石油公司一案的裁决》	1954	授权FPC制定天然气生产者所支付的价格
《联邦能源组织法》	1974	授予政府控制油气价格的权力
《美国能源部组织法》	1974	诞生了美国能源部（DOE）和联邦能源委员会（FERC）
《国家能源法（五部分）国家节能政策》	1978	鼓励公共事业及用户使用天然气
《发电厂与工业燃料使用法》		禁止在公共设施与工业锅炉中使用天然气
《公共事业管制政策法》		鼓励工业用户进行热电联供
《天然气政策法》		通过协调天然气的井口价格给予生产者更多的刺激与鼓励
《能源税收法》		处罚低里程汽车
《天然气井口解除管制法》	1989	完全放开天然气井口价格
《联邦能源立法委员会条例》	1985—1993	解禁管道运输的法规，允许用户直接购买天然气
《清洁空气法修正案》	1990	授权环境保护机构建设国家空气质量标准，以控制酸雨、城市污染及有毒物质的排放
《能源政策法》	1992	指令购买替代燃料汽车，以减少美国对从国外进口石油的依赖

根据这一决定，由生产者做出的价格申请就压倒了FPC的行政管理能力。为了控制这些申请在生产区建立了关于价格标准的法规。这些价格法规给生产者的发展制造了障碍。这些生产者同时也是石油天然气

的勘探者，他们在国外进行石油天然气的开采要比在美国境内获利大得
多。结果，美国的天然气井数量急剧下降，到 20 世纪 60 年代中期，一
些管道公司已无法买到可以满足他们已有的用户所需的天然气量了。

短缺，意指天然气供应的不足，当时成为天然气工业的代名词。
FPC 建立了一个优先权系统，将用户中的"必须用户"（指最需要保障
供给的人群）与"可间断的"用户区别开来，比如可以使用其他燃料的
发电厂等。这些可间断的用户在天然气供应难以满足其需求时，可首先
考虑暂停供气。

然而，到了 1973 年，石油出口国组织的石油禁运使得联邦能源管
理法令在次年就得以通过。能源管理机构被授权对短缺的石油天然气产
品配给及价格进行控制。在同一时期，相关部门成立了联邦能源立法委
员会，最终确定了 FPC 的许多职责。

8.3.1 国家能源法

1978 年，立法史上的里程碑——《国家能源法》被通过了，该法
令由五个部分组成：

（1）《国家节能政策》，要求公共部门鼓励其用户节约能源，要采取
节能措施。

（2）《发电厂与工业燃料使用法》，要求发电厂在可能的情况下转而
使用煤，此举禁止在公共设施与工业锅炉中使用天然气。

（3）《公共事业管制政策法》，建立了联邦服务终止标准，要求公共
事业的股票持有者为政治和倡议性广告付费，并且鼓励发展热电联供项
目。

（4）《天然气政策法》，为生产者提出了一个淘汰机制价格规则，为
农业使用天然气的"短缺"做了新的定义，并为工业性售气厘定了短缺
时的天然气价格。

（5）《能源税法》，为居民用户建立了税收标准，包括对低里程汽车
征收消费税。

该国家能源法改变了天然气工业与最初的供—求关系。在此法令颁
布之前，许多天然气被输送给了各州内的市场，在那里，生产者可以较
高的价格出售而不必受到联邦政府的控制。在立法之后，州际间的管道
公司就可以与州内的企业展开竞争了，他们能够以与州内购买者相同的
价格买到天然气。

在接下来的几年，天然气的供求形式发生了逆转。随着价格的增长，大量天然气进入了市场，很快就出现了供大于求的局面，导致天然气供应的"泡沫"。然而，与此同时，天然气的较高价格削弱了它与石油的竞争力，因此，大型工业用户就把目光从天然气转向了其他能源。随着天然气需求量的下降，管道公司无法"运作"，无法接收他们来自天然气生产厂家的合同所要求的气量了。

在可能的地方，从法令上讲，管道已经被"逐出市场"，这也被认为是一种"不可抗力"。这种情况允许公司在法庭上证明，极度异常的市场条件与自然灾难的后果是等同的。另一方面，按照合同规定的"货到付款"的规定，即使管线没有将天然气销售出去，他们也被要求支付天然气款。

"货到付款"的规定意味着是对天然气供应商的一种鼓励——他们的生产成本可以收回了。联邦能源立法委员会（FERC）允许这些投资中的一部分用于区域性天然气配气公司。因此州公共事业委员会也不用再为辖区内的天然气公司考虑如何回收投资，因此就不再具有确立规则的职能了，由此，在他们的管辖范围内，天然气配气公司能够收回自己的投资了。

1978年颁布的《国家能源法令》中的公共事业政策法规（PURPA）对热电联供的经济影响力产生了浓厚的兴趣。热电联供比单一的发电效率更高，因为废弃的热量被回收并利用了。以前，那些要使用大量蒸汽发电的工业天然气用户被要求与公共电力设施的系统相连接，这是一种即昂贵又复杂的工程，而且，公共电力设施也要为用户提供备用电力而支付大量资金。

PURPA解除了这种连接，责成公共事业部门以合理的价格提供备用电力，进而要求它们以一种"逃避惩罚的价格（意为此价格与公共电力设施本身所发出的电力"物有所值"）"从自己的工业用户那里购买电力。通过给予热电联供的一个基本保证的价格和市场，PURPA极大地提高了自己对许多工业用户的热电联供的吸引力。此举还引发了与公共事业部门的竞争，两者竞相欲成为"独立的发电者"，PURPA建立了新工厂，专门用于热电联供。公共事业部门为此与PURPA对簿公堂，但PURPA所定的章程在1983年被执行了。在1989年"天然气井口控制法"的规定下，所有对井口天然气的价格控制到了1992年底就都被废除了。国会承认在天然气市场中的数千家天然气生产厂家与许多购气者已经使市场的竞争力大大提高。在联邦的层面上，这一法令为天然气的销售提供了一种自由的市场氛围，使短期"现货"市场上出现了极低的价格。

8.3.2　非常规的天然气运输

可能联邦法律最大的影响在于 FERC 对"天然气政策法条款"（1985 年第 436 条款和 1987 年第 500 条款以及 1993 年的第 636 条款）的落实。这些条款允许地方性的天然气配气公司与大宗用户"绕过"管道公司直接从生产商、市场和经纪人那里购买天然气，甚至一些用户铺设了自己的管道。但是 FERC 很快就要求管道公司输送所有来源的天然气，导致过去的销售者与购买者关系产生巨大变化。接着，州公共事业委员会不得不考虑这种"绕开"行为对公司的冲击。

到 1993 年，FERC 的条款已经提供了：

（1）对天然气（不论是通过管道购买的还是从第三方购买）完全平等的运输服务；

（2）开放简单易行的天然气储集服务；

（3）开通州际间的天然气管道（"未打包的"），而将购买与运输服务分开；

（4）解除州际管道对天然气来源的限制，仅用市场价格来进行约束。

（5）事先授权的放弃规则，允许天然气销售合同在合同终止时期，对继续服务没有法律要求或者规定；

（6）对运输与储存服务指定固定的价格，包括返还的股权和税金也被包括在需要付款之内；

（7）为公司的市场运作提供所有信息以及打折的可能性。

（8）同意将过渡的价格作为管道公司的价格预案。

8.3.3　环境法规

最早的清洁空气法于 1970 年通过，但美国国会于 1990 年批准了一系列修正案，赋予该法令以更为实际的权力。这些修正案增加了对酸雨、城市空气污染以及有毒空气排放物（危险的污染物）的控制。天然气工业并不是该法令的特定目标，但在与其他行业的竞争中，天然气工业却受益于该法令的某些禁令。

比如，发电厂会产生硫化物与氮的氧化物的排放，这两种物质都会产生酸雨。根据清洁空气法的修正案，发电厂就开始加大天然气的使用量，通过共燃与再燃减少排放物，并且已经开发出使用天然气锅炉和其他设备的操作技术。

同样地，小汽车和其他以汽油和柴油为燃料的交通工具也会排放化学物质，它们与臭氧层发生反应生成城市中的烟雾，这已成为美国最为严重的空气污染问题。在美国，已有20多个城市不再执行联邦政府关于臭氧的空气质量标准了。在这些区域，已有大量的天然气汽车被出售，以求达到当地的空气质量标准，这正是"清洁空气法修正案"所要求的。汽车使用天然气时，所产生的排放物要比使用汽油或柴油少得多。

另一方面，燃烧天然气的装置也必须符合清洁空气法修正案的要求。这已经影响到了许多燃烧天然气的发动机与涡轮机，尤其是那些在天然气管道的加压站使用的装置。各种技术不断地被开发出来，用于减少这些来自发动机和涡轮机的排放物。在南加利福尼亚州，即使是相对较小的发动机（比如用在天然气制冷机上的发动机），也必须安装污染控制装置，以获得运行的许可。除湿机使用乙二醇以除去原始天然气中的水分，也会放出有毒的空气污染物。天然气处理人员目前正在评估能够控制这些化学排放物的各种方法。

另一种对环境的关注是地球臭氧层的破坏，这是能够保护人类免受紫外线伤害的大气屏障。含有氯气的化学物质（例如用在制冷机中的氟利昂），被认为是破坏大气臭氧层的罪魁祸首。在20世纪90年代，这些化学物质被环境保护组织所淘汰，许多电力制冷机被天然气动力系统所替代，它使用无害的制冷剂。

在20世纪90年代，一个被激烈讨论的环境问题就是全球变暖。这种现象被认为是由"温室"气体引起的（比如二氧化碳与甲烷气），它们吸收了地球的热量并逐渐的使大气层变暖。升高的大气与水温会扰乱地球气候的格局，并可引起地球气候的重大变化。

天然气工业不得不寻求各种方法以控制从汽车、管道和其他设施中排放出的甲烷。然而，当应用于高效率的涡轮机、锅炉和其他设备时，天然气所排放的二氧化碳要远远低于其他化石燃料，进而可以缓解全球变暖的趋势。

8.3.4　能源政策法

1992年的能源政策法是相关法令的又一座里程碑，这里尤指它对天然气工业的影响。该法令的目的在于减少美国对国外石油的依赖。它要求联邦政府购买能够使用相当大比例的替代燃料的汽车，并且鼓励私人也购买此类汽车。该法律适用于 125 个对当地空气质量不关心的大都市，并且规定那些集中加注燃料的车队使用替代燃料汽车，而且对使用替代燃料的汽车实行减税政策。政府以及个人已经购买了大量的天然气汽车，这正是该法律的成效。

能源政策法的其他内容授权联邦政府资助从常规与非常规能源回收更多的天然气的研究工作，并提高国家天然气的储备能力。该法令还授权投入更多的新技术以减少来自一些固定的场所（比如发电厂）的排放物，开发一些耗能小的加热与制冷技术。该法令还使得非公共设施和不规范的公共设施建立发电厂，并且更易于进入全国范围的输电网。

该法令还涵盖了适用于公共设施与其他装置的耗能标准，要求各州的立法者考虑用于天然气公共部门的"一体化资源"计划。这些条款建立了供需战略，有望降低费用并提高能源效率。各州的立法者还必须考虑让那些能够提高能源效率的技术投资获利。

8.4 州立法委员会

如上所述，美国的 50 个州都拥有自己的立法机构，它们是制定法律的机构，负责天然气配气公司的相关法律制定。这些机构常用的名称为"公共服务委员会"和"公共事业委员会"。在得克萨斯州，监管铁路委员会负责监管该州的公共事业。通常，委员会授权监管机构监管私人拥有的天然气配气公司和州天然气管道公司的运营。在一些州，这些委员会还具有监管公共事业的权力，而且，如果得到了美国运输部的授权，它们还将负责对所有天然气的运营以及所有权尚不确定的那些项目的安全立法。

州公共事业委员会有权对天然气配气公司的功能立法，该法律与上述法律无大的区别与差异，具体内容如下：

（1）常规项目与服务条件；

（2）价格与税率；

（3）资金筹措；

（4）开支与报告所需事项；

（5）合并与改组；

（6）设备的购买与配置；

(7) 设施的建设与扩展。

8.4.1 不寻常的情况

虽然绝大部分公众的注意力被吸引到涨价方面——这对用户产生直接的影响，但公共事业委员会经以多种方式影响了天然气配气运营商。由于天然气的配气是一种动态的工业，它的地位不断地提升，这就需要法律制定者做出决定。比如：

（1）在 20 世纪 30 年代，委员会的实际行动主要集中于为公共事业确定一套完整的账户系统；

（2）在 40—60 年代之间，当时正面临着从人工制造的煤气向天然气的转型，立法机构不得不照搬以前的记账方式，以求恢复公共事业的价格；

（3）在 60 年代，正是天然气公司、电力公司和尚未立法的石油交易商之间激烈竞争的时期，各委员会不得不考虑对这些逐步升级的活动予以补贴；

（4）在 70 年代，公共事业的管理工作对能否增加效率并降低运营成本进行了审查。

在 70 年代，委员会还被要求为天然气公司开辟一种方式去恢复天然气价格，这可以在短时期内迅速增长。常规的价格申请对价格本身并不能产生实质性的影响。为了使天然气公司能够更快地恢复价格，引入了"购买天然气调整"条款。委员会继续审查天然气购买过程是否慎重，以确保该公司以最低的价格获得天然气的供给。

8.4.2 公共事业税的申请

公共事业委员会已经建立了价格案例的处理程序。许多人没有认识到公共事业税减少与增加都必须经过申报。在这种情况下，天然气公司要出据文件，以表明自己的申请在由委员会所划定的框架内。这些文件由委员会的委员处理之前（他们的举止就像一位检察官），或者在行政法庭的法官正式审理之前，都要事先进行听证。这些听证会要公开，并且允许用户和代表用户的组织出席。美国的绝大多数州已经建立了一个用户辩护办公室，它在涉及用户的利益方面进行调停与参与。

一项最初的决定是由出席听证会的检查人员做出的，由委员会全体审阅，然后发布一个最终的决定。该决定要求回到公司所公布的那个合适的水平上去，即根据财务数据和额外的收益公司将需要达到的目标，这就要求公司根据提供的服务所能达到的收益的档次填报税收表。

根据其他的审查结果，委员会批准这些税表。绝大多数委员会要求提供服务的价格，这可以确认为各个层次的用户服务的收益，这些可以根据为某一层次用户所提供服务的价格推算出来。

如果公司觉得委员会的某些决定不公平，他们常常会提出上诉。在行政复议之后，公司有权力在法庭上寻求帮助。

然而，正是由于委员会建立的这种允许税率返还的制度，就不能保证公司能够获得这些返款。多种因素（例如大宗用户的缺失，比正常气候更暖的天气状况，或者天然气价格的突然增加等）都可能减少收入，增加运营费用，并使得公司无法获得由委员会确认的公正而合理的返还税金。

另一方面，在极少数情况下，当一家公司一直超过它所被允许的返还税金时，委员会就会要求进行审理，论证该公司返还税金的原因。

8.4.3　其他常规举措

委员会除了审理税率案件并解决一些不寻常的问题之外，还有其他许多职能，是一种连续的日复一日的工作，比如，确定服务的标准。委员会为天然气供气者向用户送气划定了一个压力范围，确认了天然气设备的操作规章。委员会还为计量表制定精度的标准以及事先检验这些计量表以确定它们的精度的操作标准。委员会还提出了一些关于供气服务的计账方法，或者根据体积，或者按热量值。其他一些计账方式与计量表的读表与计账频率以及免费服务有关。

州立法委员会还阻止一些用户的无理要求与差别待遇。这里所谓的"差别待遇"不仅指使用同一设备的用户受到不同待遇，还指使用不同设备的用户受到同样待遇。为了避免差别待遇，许多州立法委员会有权查明各阶层用户的交税档案。

其他一些情况增多了——最常见的表现在价格方面，但还是引起了用户的抱怨。那些用户要求的服务事项，比如设备的调节与修理，都可能会被认为是"差别待遇"，因为并不是所有用户都会享受到同等水平服务的。许多委员会要求公司向用户收取由用户自己提出的服务项目的费用。

广告等费用也是委员会所详细审查的项目，而且它可能不被列为服务的费用，除非公司能够证实这些费用将使所有用户受益。在一些州内，是否将用于慈善事业的捐款也作为运营费用还有争议。

8.5　地方性法规

天然气配气公司还受服务地区的地方性法规的约束。这些地方性法规所给予的经销许可权一般在某一时间段内有效，在此之后，若这些公共事业部门不再申请延期，这种特许权就会失效。地方政府还会对公共部门提出关于经销特许权的税金问题，这通常根据这些部门在该地区内经销所得收入的百分比来确定。

虽然这种经销特许权赋予公共部门以公开方式安装、运营和维护自己的设施，但地方政府通常会要求公共事业部门得到开工的许可权并为这些挖掘工作付费，以保证完工后将地面恢复到原始的或更好的状态。天然气配气公司也必须遵守地方性的关于燃料管道、天然气设施以及装置的法规。

8.6　安　全　法　规

在天然气工业的早期阶段，其关于公众安全的条例是自我约束型的。考虑到天然气生产过程中的爆炸与有毒排放物的可能性，天然气配气公司对公共设施的安全操作极为谨慎。美国标准化协会于 1942 年出版了第一部关于输气管道压力的标准。1952 年颁布了关于天然气运输与配气的独立法律条款，而且，从那以后不断地更新。美国天然气协会负责关于天然气管道标准的修订。

1968 年颁布的《天然气管道安全法》是第一部关于天然气系统操作、维护、设计与铺设安全的国家法律。由美国运输部授权提出了适应所有天然气运营者的最低限度的联邦安全标准。这些法律不断地进行修订，到 1996 年 1 月，该法令已经被修订了 74 次。管道安全法的管理与落实由得到授权的州政府相关部门执行。

安全标准由新的立法程序重新确认。比如，1992 年的《管道安全法》重新确认了原来的《天然气管道安全法》和《危险品流体管道安全法》的基本条例及适用的最后期限，但具体要求则需要由运输部批准。

作为 1992 年法令的一个显著变化，管道安全办公室被要求在修订这些法律时将对环境的影响与安全问题放在同样重要的地位。

公共安全也是州立法委员会首要关注的内容。用户的燃料管线与燃气设备的安全由地方政府法规所规定，该法令通常以《国家燃料天然气法》作为标准。州委员会为这些法规负责，即在用户的管道或设备的问题处理方面的服务。

8.7   天然气工业组织

美国和加拿大天然气工业支持一些组织，它们与立法者共同提高安全与维修法规标准、开发新技术并传播信息。这些组织和其会员包括：

(1) 美国天然气协会（区域性的配气公司）；

(2) 美国公共天然气协会（地区性公共部门）；

(3) 加拿大天然气协会（天然气公共部门）；

(4) 加拿大天然气研究所（分布在天然气工业内的会员制组织）；

(5) 天然气设备制造者协会；

(6) 天然气研究所（天然气工业内的非赢利性会员制组织）；

(7) 天然气技术研究所（天然气工业内的非赢利性能源教育与研究性组织）；

(8) 美国州际间天然气协会（管道公司）；

(9) 天然气供气协会（天然气生产者组织）。

此外，还有许多与天然气工业这一领域合作的各种商业团体，比如：

(1) 美国天然气制冷中心；

(2) 工业中心；

(3) 天然气汽车联盟。

9 天然气市场与销售

9.1 引言

长久以来，没有人能够想到天然气可以与化妆品和厨房清洁剂一起挨家挨户地销售。直到 1998 年，哥伦比亚能源服务公司宣布成为安利公司的合作伙伴，以上述方式销售天然气。安利公司代表将为家庭用户和一些小型商业性用户提供有偿服务，在这些地方，各州都允许这类销售。这种观念是引发竞争，给用户选择权，并促使他们购买能源，就像他们选择长途电话服务的方式一样。

此外，绝大多数天然气以常规的方式销售。市场营销是一种常常被误解为仅仅是销售的概念，而实际上，它包括研究用户需求和满足用户需求两方面的内容。有效的天然气市场营销最终会产生一项交易，并提供产品的服务。

由于天然气用户已开始直接从生产商和其他供货商那里购气，所以天然气已变得像谷物或肉类那样付账了，但这并不意味着天然气工业已经停止推销其产品。实际上，天然气的市场营销是一种正在成长的行业，生产厂家的管道公司、独立的生意人和推销人以及传统的天然气公共事业等都参与了这一竞争。

9.2 天然气市场发展简史

直到 20 世纪 80 年代，联邦与州政府立法确定了价格标准，管道公司与配气公司才能向它们的用户收费，并控制了井口天然气的价格。生产者用管道将天然气输送到市场，然后再次出售给当地的配气公司。生产商与管道公司签订了长期的合同（一般为 20 年），管道公司同意不论其是否出售都会付款（即"拥有—付款"规定）。

很快地，管道公司就发现有一些他们不能出售的剩余的天然气，但它们依然不得不为其付款。在 20 世纪 80 年代中期，天然气管道工业开始了一系列痛苦的转型，因为联邦政府解除了天然气销售的禁令，允许用户可以直接从生产者那里购买天然气。

管道公司突然间从经销商变成了运输者。对于直接销售的机会而言，那些储存了十余年的剩余天然气成了管道公司与生产者之间最大的市场竞争对象。

9.3　天然气管道市场与运输

法律的这些变化的结果就是天然气市场营销公司的快速增长，管道公司、生产厂商以及配气公司是这一增长的直接推动者。这些市场营销人员将多种来源的天然气汇集成一个庞大的整体，销售给工业用户与当地的天然气配气公司。此外，独立的经销商（不隶属于任何天然气公司）已经迅速出现并占有了相当的市场营销的份额。大约有 300 多家天然气经销商在从事这一行业，包括独立的与附属于某一公司的人员。

包括一些附属公司在内，许多管道公司已经被一些分散的市场营销单位组织了起来，而且，它们的商业任务也已变得非常小了。管道的市场营销单位希望吸引新的用户，而他们受销售的天然气量及受益差额的驱动。而管线公司将精力主要集中在减少运输的成本，增加其可靠性并拓宽运输服务的领域。这些竞争性的努力已经获得了极大的成功。事实上，正是这些更加高效的工作以及降低的运输费用，天然气的价格才有望在未来的 10 年中下降到一个合理的程度。

作为一种解除法令与工业重组的结果，天然气购买合同的长度或条款已经发生了巨变。与过去 20 年中的合同相反，到 20 世纪 80 年代后期，绝大多数天然气交易是在 30 天内完成的。这种天然气的短期市场迅速发展并成为销售大量天然气的主要渠道。为了适应这些交易，管道公司获得了一些较短期的输气合同。

最近，一些天然气的销售商已经开始转向较长期的合同，以便获得用户对天然气供应的信任，并占领了一些新的市场，比如发电厂等。这些要求产生了一些在较长时期内天然气价格的波动。购气协议包括长期、中期和短期的合同，具体的情况则取决于用户的需求。

天然气购买、销售与运输方式的巨大变化令管道公司头疼不已，突然间，他们必须去面对更多的交易合同。而且，由于许多交易是短期的，所涉及的变化又频繁发生，这与过去那些稳定交易的买方与销售方的关系截然不同，对此，那些从井口到市场的交易已经成为管道公司的关键功能。

天然气用户进行的日常合同的运营称为"指派权",这里指在一定的时间内输送的天然气量。比如,用户可能签订了一年的供气合同,要求供气方提供一定数量的天然气,并明确了一年中的最小与最大供气量。但是,每天一到早晨 8 点,用户必然电话通知管道公司在未来的24 小时内所需要提供的天然气量和送达地点。

指派权要求管道公司的系统保持平衡。管道公司还应在其用户中确认这些用户需固定供气还是间歇供气。给定一个限定的管道运输能力,管道公司将首先为那些需固定供气的用户提供服务,然后再为那些间歇性的用户送气。

9.4 天然气市场经销商与交易商

自从天然气的井口价格与管道运输的法律解除之后,天然气就作为一种普通的原材料进行贸易了。这意味着除了天然气交易市场之外,在那些实际上已经输送了天然气的地方,天然气的贸易已经诞生并发展了,而且它经开始繁盛。那些经销商通过化解风险、稳定价格并提高一种将资产转化为现金的方式从市场受益。

独立的经销商与天然气公司实际上扮演着一种从生产商那里购买天然气的中间商角色,他们安排天然气的运输,并把天然气销售给用户。经销商实际上至少短时期内会持有天然气(属于自己的),并且可以为用户提供一年或一年以上的气。相反,天然气的商品交易商(被认为是"日交易商"或"经纪人")也是一种中间人,但却从来没有实际拥有过自己的天然气。交易商只从事极短时期的交易,通常仅有几个月甚至一天的交易。

天然气经销商之间的交易,与天然气生产商与经销商之间的交易不同,在总交易量中占很大的比例。1997 年,在购买的一方,47% 的交易是经销商与经销商之间的买卖,50% 的交易是与生产商进行的。在销售一方,22% 的交易是经销商之间完成的。经销商之间的交易是十分重要的,因为他们帮助产生了巨大的市场。

天然气经销商与交易商还与电力工业中的同行进行交易,在 20 世纪 90 年代,这种交易已开始变得相当普遍了,而且,这种交易的利润相当的高。比如,交易商可以通过转为使用天然气火力发电站而提高纽约市的天然气价格,并以当地的市场价出售天然气。为了适应电厂的这种转型,这些交易商可能会购买俄亥俄州的电力并将其输往纽约。

9.4.1 现货市场

在日常用品交易中，交易商全部以现钱进行买卖，即"货到付款"（就是根据这一概念，引出了"现货市场"）。日用品市场对于投资人来讲是具有风险的，这是因为自然灾害和全球的政治形势会使价格产生巨大的波动，而且，天然气是一种极度不稳定的日用品，尤其是冬季到来之前的价格更是如此，交易双方会对天气的寒冷程度做出推测。现货市场价格为天然气用户提供了一条线索，即他们会为将来的用气付多少钱。

"确认"是合同执行的另一种类型，这有助于交易商控制交易的风险。"确认"是指对一份合同的独立性进行核实。在两位交易商进行了一项交易之后，他们会将合同交给他们的后勤办公室（会计和其他管理人员），这些人互相联系，确认并执行合同。

9.4.2 基本交易

在长管道运输中，天然气在一个地区的价格与另一个地区价格的差异被称为"市场的基本差异"。在不同地区的天然气拥有不同的价格，这取决于当地的供应与需求状况。在金融天然气市场，交易是通过"基本交易"进行的，而不是仅仅靠转运天然气而完成的。交易商在那些天然气便宜的地方购买，然后在价格昂贵的地方出售，而并不需要运输任何天然气，从而获得最大利润。

管道公司能够加入这一市场且占有一定的份额，但是法定的价目表限制了两个地域之间管道公司在天然气价格方面所能主导的差别程度。上升到价目表（税率）的价格差异就是管道公司运输的收入。除此之外，所剩下的利润就归交易商或经销商所有。

9.4.3 期货与期权

天然气的期货合同是一种投资方式，它代表着一场赌博——天然气的价格在未来是上扬还是下降。一份期货合同将会使投资者决定在某一个特定的日子里以事先确定的价格购买或出售一定量的天然气，而期权则给投资者以事先确定的价格在一段特定的时间内的任一时刻出售天然气的权力。

期货与期权能够帮助买方和卖方将天然气价格急速地升值或降价的风险将至最低。比如，一位购买人拥有一份一年后按 3 美元的单价购买一定体积天然气的期货合同，而在此合同被执行前，现货市场上的天然气价格涨到了单价 4 美元，则该购买者依然会受到期货合同的保护。

天然气的经销商掌握着一半以上的美国纽约商品交易所的天然气期货合同的股权，而且他们承担着买卖双方价格聚变的最大风险。期货合同股权的其他部分由生产商、金融家、投机商及其他人员掌控。

9.5 配气公司的市场

除了这些实物和金融性的天然气市场之外，当地的配气公司通常主要是依靠提高天然气的应用以及与天然气燃烧设备的制造商和经销商联合广告而提高其影响力。许多天然气配气公司已经不直接参与物流装备方面的业务，但是，他们的职员却包括了工程师、设计人员、研发人员、工厂的管理人员以及设备选择方面的商业与工业用户，相关的市场努力则包括能源保护及家庭与商业能源的核查等。

当然，一些配气公司也直接向用户出售天然气设备与装置，尤其是在那些当地的交易商尚未明显的提高天然气价格的地区。实际上，在一些高速增长的市场燃气公共部门正在与交易商展开竞争，比如天然气壁炉及其他健康产品。这些措施以法律的形式阻止了那些因企业动用纳税人的钱来弥补其商务活动中损失的行为。

有时，地方的公共部门也与那些加热和空调设备的合同者展开竞争，公共部门可以拥有自己的某些辅助性合作公司。如果这些公司的财政与公共部门的行为分开的话，这种关系就可以维持。

9.6 当今的天然气市场

绝大多数美国的商人开始看清天然气工业解除禁令所带来的利益。商业用户可以分成运输客户（他为经纪人或能源市场经销商送气）和销售客户（依靠为天然气公共部门提供能源供给与服务）。

大约有 60% 的工业用户和 40% 的商业用户拥有从供应者而不是当地的公共部门购买天然气的选择权，这将取决于当前的国家勘探形势。很快地，居家的人们也会拥有相同的选择权。这已经在一些试点性的市场开始实施了，例如芝加哥地区。

　　调查显示，绝大多数工业与商业用户对天然气供应者提供的服务与信息是满意的。总体看来，天然气的经销商获得的好评要远远高于那些完全服务的公共部门。但是，1/3 从公共部门购气的用户是以前运输供气的使用者。而且，如果让用户选择经销商与完全服务的公共部门时，他们会倾向于公共部门。

　　尽管用户对经销商与公共部门都很满意，也还有一半以上的商业用户尚未看到他们每年使用的天然气支出明显降低，还是有相当多的用户对供气者（包括市场经销商与公共部门）感到失望，主要问题在于价格的控制以及进行自由商务活动等。

　　随着天然气市场竞争的增加，供应者需要降低价格并加强与用户之间的沟通。无论如何，都会有一些用户继续为这种"现货"市场价格付出更多资金，以期得到可靠的天然气供应。

参 考 文 献

Ewing, Terzah, "Strong Dose of Winter Spikes Price of Natural Gas, Reversing Recent Losses." *The Wall Street Journal*. November 6, 1998, page C17.

Kennedy, John L., *Oil and Gas Pipeline Fundamentals 2nd Edition*. Tulsa: PennWell Publishing Company., 1993.

Morris, Kenneth M., and Siegel, Alan M., *The Wall Street Journal Guide to Understanding Money & Investing*. Lightbull Press, Inc., 1993.

RKS Research & Consulting, National Survey of Business Customers, 1998.

Schlesinger, Ben, Benjamin Schesinger and Associates, Inc. Presentation at the Conference on Pipeline Industry Technology.20th Century Problems, 21st Century Solutions, Englewood, Colorado, May 13−14, 1997.

10 未来的天然气供应与需求

10.1 简 介

当你为用电账单付款或者给汽车加油时，你才会想到能源是多么的昂贵。但在过去的几十年中，能源的价格一直维持在一个相对较低的水平上。这意味着人们所使用的能源要大于储存的能源，因为需求受到价格的强烈影响。未来的天然气和其他有限的能源供应将取决于我们能消耗多少能源，我们将试图为子孙后代留下多少能源，以及我们将如何学好有效地开发、利用我们现有的能源。

与 20 世纪 70 年代的情况相反，当人们担心能源供应会被很快地耗尽时，专家们却相信，地球蕴藏着足够的天然气、石油和煤炭，可以在未来的几十年中承担世界人口与经济的增长。这是一种乐观的估计，这将难以抑制在可预见的未来能源消耗的增长。所幸的是，对美国天然气供应的展望是相当乐观的，而且天然气工业已做好准备去迎接满足美国日益增长的天然气需求的挑战。

10.2 目前的趋势

为了预测天然气的供需情况，分析家首先要了解过去，才能确定天然气的生产、消费以及未来的开发远景。

10.2.1 消费

1996 年，天然气的消费占到了美国总的能源需求的 24%，其总消费量达到了 $21.9 \times 10^{12} ft^3 (623 \times 10^9 m^3)$（表 10.1）。这几乎与 1972 年的消费量相当，当时的天然气消费量创下了历史最高纪录。

居民用气的高峰出现在 20 世纪 70 年代，然后，由于建筑物布局的改变、设施效率的提高以及用户在 70 年代后期到 80 年代初期对天然气价格的反映等因素，此后的用气量较为平稳。从那以后，在独门独户中的天然气加热系统又被重新起用，导致民用天然气需求量的增加。在民用领域中，近70%的天然气被用于产生热量。同样，在商用领域，约55%的天然气用于产生热量。

表 10.1 不同时期各行业的天然气消耗量统计

行　业	1995		1996		占总量的百分比(%)
	($\times 10^{12}$ft³)	($\times 10^9$m³)	($\times 10^{12}$ft³)	($\times 10^9$m³)	
民　用	4.9	138	5.3	149	23 ~ 24
商　用	3.0	85	3.1	88	14
工业用	9.5	270	9.8	278	44 ~ 45
发　电	3.4	96	3.0	85	14 ~ 16
运　输	0.7	19	0.7	19	3
总　计	21.7	614	21.9	623	—

资料来源：GRI 1998年的原始数据（由于四舍五入，故上述数据不能相加合计）。

20世纪80年代中期，工业领域中的天然气消费随着用户转而使用更为便宜的燃料而有所下降，但是随着天然气的价格变得更具竞争力，这种局面发生了改变。1996年，工业领域天然气的最大消耗是用来产生热量与蒸汽。

从1985年到1996年，天然气发电的消费迅速增加。热电联供（同时产生电力与有用的热量）占据了这种增长的绝大部分（达80%以上）。

10.2.2 生产

美国的天然气基本上是在本土的48个州内生产的（表10.2）。出于消费的关系，天然气的生产高峰在1972年。得克萨斯州与路易斯安那州是传统的最大产气区，其中有大量的海上产气井。1997年，产气井比1996年的增加了24%，完井数达到了10775口，连续第五年超过油井数。

墨西哥湾地区一些州的天然气减产已被其他地区的增产所弥补，这些产气区绝大多数在山区，包括新墨西哥州、科罗拉多州与怀俄明州。美国从加拿大和墨西哥进口少量的天然气，也从其他国家进口一些液化天然气（LNG）。同时，美国也通过管道向加拿大和墨西哥出口少量的天然气，还从阿拉斯加向日本出口一些液化天然气。

表 10.2　当前的天然气供应

来　源	1995		1996	
	($\times 10^{12}ft^3$)	($\times 10^9 m^3$)	($\times 10^{12}ft^3$)	($\times 10^9 m^3$)
美国生产	18.6	526	18.8	532
进　口	2.8	80	2.9	83
余　额	0.5	15	0.1	3
总　计	21.9	622	21.8	617

资料来源：GRI 1998 年的原始数据（由于四舍五入，故上述数据不能相加合计）。

10.2.3　目前的资源量

美国的天然气预测储量为 $167 \times 10^{12}ft^3$（$4.7 \times 10^{12}m^3$），占世界总储量的 3.3%。天然气资源量的评价需要计算每个天然气藏中的资源量。为了确定"探明储量"，天然气必须可以用目前的技术手段经济合理地开采出来。

在整个 20 世纪 60 年代，天然气的探明储量稳步增加，并在 70 年代缓慢地下降。当时由生产商进行的勘探开发活动都被削减了。这种情况直到井口天然气价格被解禁时才发生了改变，从那以后，探明储量就稳定了。目前，美国的天然气年产量超过了年探明储量，换言之，每年所使用的天然气多于所找到的天然气。然而，探明储量将可提供在当前的开采水平上 8 年的天然气产量。1996 年天然气的发现总量超过了 $12 \times 10^{12}ft^3$（$340 \times 10^9 m^3$），这超过了 1996 年以前发现总量的 12%。

靠近美国海岸线的海域据信含有大量的可采石油与天然气，探明的储量到 1995 年达到了约 $34.8 \times 10^{12}ft^3$（$986 \times 10^9 m^3$），达到了美国总储量的 20% 以上。1996 年，1/3 的天然气发现是在得克萨斯和墨西哥湾海域，深水区域的海上钻井技术已得到了迅速的发展。人们认识到，大量的成功得益于将天然气集中输往陆上处理工厂和输送管道的发达，海上的生产将依然是非常昂贵的。

在阿拉斯加，直到 20 世纪 60 年代后期才有了石油与天然气的重大发现，在 Prudhoe 湾发现了一个大型油田。该油田的天然气探明储量在 1995 年估算为 $9.5 \times 10^{12} ft^3$ （$270 \times 10^9 m^3$）。然而，当地所产出的绝大部分天然气又被回注入地下，用于保持油田内油井的压力。天然气公司正在探讨铺设一条管道将采出的天然气向南输送的可能性。

10.3   未来的供应与需求

美国的天然气供应总体来看是相当乐观的。在一个较长的时期内（到 2020 年），天然气的生产可望有一个大增长，这得益于丰富的资源量及海上天然气的开发和非常规资源技术的进步。2000—2005 年，天然气超过石油成为美国油气生产者主要的收入来源——这是石油与天然气工业的一个决定性改变。所增加的天然气产量将主要来自陆上的开采，属于不相关的资源（这些开采不属于地下石油合同的内容）。墨西哥湾的海上天然气开采也可望有大发展，而且阿拉斯加的油田依然有巨大的资源潜力。

然而，天然气工业将会遭遇来自需求量大增的挑战。美国的天然气消费预计在未来的 15 ～ 20 年中将会大增长，而且需要增加相应的天然气管道与储存能力。仅 1999 年，美国对天然气的需求量就比 1998 年猛增 5.2%。到 2015 年，天然气的需求量将以每年 2% 的水平递增，总量将达 $31 \times 10^{12} ft^3$ （$880 \times 10^9 m^3$）（表 10.3）。

在这一时期，天然气在美国能源消费中所占的比例将会从目前的 24% 增加到 28%。这种需求增加的总量将达 $9 \times 10^{12} ft^3$ （$250 \times 10^9 m^3$），或者每年增加约为 $0.5 \times 10^{12} ft^3$ （$10 \times 10^9 m^3$）。天然气工业面对的相似的挑战最后一次发生在 20 世纪 50 年代中期到 70 年代初，当时的增长量为 $13 \times 10^{12} ft^3$ （$350 \times 10^9 m^3$），相当于每年增加 $0.8 \times 10^{12} ft^3$ （$20 \times 10^9 m^3$）。

天然气需求量的这种大增长将会因人们对环境的关注及其在能源市场上的竞争而迅猛。为了缓解全球变暖的趋势，美国和世界上其他工业国家已承诺减少碳（主要以二氧化碳的形式）排放。1997 年 10 月，美国总统克林顿说，美国必须不断努力，遵循在发电中从煤炭到天然气的"燃料转换"政策。

表 10.3   不同行业对天然气的需求量

行业	2000		2005		2010		2015	
	$(\times 10^{12}ft^3)$	$(\times 10^9 m^3)$	$(\times 10^{12}ft^3)$	$(\times 10^9 m^3)$	$(\times 10^{12}ft^3)$	$(\times 10^9 m^3)$	$(\times 10^{12}ft^3)$	$(\times 10^9 m^3)$
民用	5.2	146	5.4	152	5.5	157	5.8	165
商用	3.3	94	3.5	99	3.7	105	4.0	113
工业用	10.4	295	11.3	320	12.0	339	12.6	358
发电*	3.6	102	4.6	129	5.4	154	6.9	196
输送管道	0.8	22	0.9	25	1.0	28	1.1	30
汽车	—	—	0.1	3	0.4	11	0.6	17
总计	23.2	658	25.7	727	28.0	793	31.0	879

* 不包括在商业与工业中热电联供系统中所使用的天然气。

资料来源：GRI 1998 年的原始数据（由于四舍五入，故上述数据不能相加合计）。

由于能源供应者之间更为激烈的竞争，能够用来控制这些排放物的许多举措已在实施。当燃料被转化为有用的能源时，较高效的方式不仅可以实现低排放，同时价格也比较低。比如，在电力部门，竞争正在推动效率的提高，现在的设施正在被改进或代替，而且一些组合循环的电厂也正在建设之中。

在民用行业，自从加热成为主要的民用消耗以来，用于产生热量的天然气就成为主要需求。天然气加热将会面对更为激烈的竞争，这将会导致需求量的递减。然而，天然气的非加热使用增加（如做饭、热水以及衣物的烘干）会缓解这种微弱的下降，这会导致到 2015 年民用天然气需求量的逐渐增长（表 10.4）。使用天然气的装置，例如健康产品和空调产品也将促进这一增长。在同一时期，民用天然气用户的数量将会增至近 7000 万。

表 10.4   未来的天然气供应

来源	2000		2005		2010		2015	
	$(\times 10^{12}ft^3)$	$(\times 10^9 m^3)$	$(\times 10^{12}ft^3)$	$(\times 10^9 m^3)$	$(\times 10^{12}ft^3)$	$(\times 10^9 m^3)$	$(\times 10^{12}ft^3)$	$(\times 10^9 m^3)$
美国生产	19.8	559	21.2	598	23.5	667	26.4	746
进口	3.3	94	4.5	127	4.5	127	4.5	127
余额	0.2	5	0.2	5	0.2	5	0.2	5
总计	23.3	658	25.8	730	28.3	802	31.0	879

资料来源：GRI 1998 年的原始数据（由于四舍五入，故上述数据不能相加合计）。

美国本土的 48 个州的天然气生产将继续为美国天然气的主要供应地，而且，到 2010 年将会超过 1972 年的用气高峰的供气量。从 2010 年以后，产量的增加将主要来自一些较小的常规天然气资源，主要来自低渗透率的储层，而对那些海上天然气藏及陆上深层天然气藏的开发将取决于新技术的进展。天然气的钻井能力有望迅速增加，但这种增加须到 2010 年之后才可出现。即便如此，天然气钻井的数量也不会接近历史的最高水平。在 2015 年，大约要钻 17000 口天然气井，与 1998 年的最高纪录 20000 口井接近。

天然气的价格有望到 2015 年一直保持平稳（表 10.5），这可以平稳油价，并降低煤炭与电的价格。与 1995—1996 年的实际价格相比（1.5~2.0 美元 /MBtu，1MBtu ≈ 10⁹J），到 2015 年天然气的价格将继续保持在一个廉价状态，大约为 1.95 美元 /MBtu。这是一个"开采"的价格，并不包括运输的费用（包括运输与配气）。

用户所支付的天然气费用实际上在未来的 20 年内将会下降。由于更加有效以及天然气运输费用的降低，所以平均的"燃烧气"价格有望下降 15%，从 1996 年的 4.06 美元 / MBtu 下降至 2015 年的 3.41 美元 / MBtu。

10.4 潜在的天然气资源

除了美国已经探明的储量之外，在美国的一些新气田和一些区域还将找到更多的天然气，这些是由地质家所预测的一些天然气带。政府机构与各种天然气工业组织已经准备估算这些"潜在的"天然气资源。"天然气潜力委员会"已经建立了天然气资源的预测分类标准，详见表 10.6。

表 10.5　美国天然气的平均价格（以 1996 年美元为准）

年　份	采集（美元 / MBtu）	实际价（美元 / MBtu）
1996	1.55	3.58
1996	2.06	4.06
2000	1.94	3.83
2005	1.87	3.63
2010	1.91	3.52
2015	1.95	3.41

资料来源：GRI 1998 年的原始数据（由于四舍五入，故上述数据不能相加合计）。

10.4.1　概算的资源

概算的资源与那些探明的气田有关而且是最有可能探明的。相对丰富的地质与工程资料有助于预测这些资源。概算的资源成为衔接已发现的和尚未发现的天然气资源之间的桥梁。

已发现的部分包括那些在已知产气带未开发的气藏的天然气。含有这类天然气的气藏已被发现，但它们的范围却尚未被开发钻井完全证实。所以，在那些没有钻井的储层内，天然气的存在及含量还尚未被确定。

10.4.2　概算的与推测的资源

概算的资源并不能可靠地供气，因为它们被假设存在于已知气田之外，与产气的层位有关，由勘探或少量钻井推测而得出。概算的天然气资源就是那些推测或勘探中所发现的新气田，其圈闭的类型和（或）构造的位置彼此之间可能相同亦可能不同。

推测的资源，是一种最模糊的范围，有望在那些还没有被探明有可采天然气的地层或油气区找到。地质背景的相似性可以用来对那些未知区域进行合理的评价。这些资源就将根据这些气藏或新发现的气田来进行预测。

10.4.3　总的资源潜力

资源潜力以对美国本土 48 个州和阿拉斯加的陆上与海域的资源潜力分别进行了评估（表 10.6）。资源潜力的估算还包括可以从煤层中采出的甲烷的体积，这是天然气储量增长的重要来源。

虽然，这种新发现的资源随着技术的进步和经济状况的转变会成为可采储量，但这些估算并不包括那些能够从非常规资源开采到的天然气，比如天然气水合物或低渗透气藏，这一估算还不包括超深层的天然气（埋深达 30000ft，或 10000m）以及海域中的深水探区（水深达 3000ft 或 1000m），墨西哥湾是个例外，那里的天然气被认为是深水中可以采出的。

表10.6　估算的天然气资源潜力

资源类型		概 算 储 量		可 能 储 量		推 测 储 量		总 计	
		($\times10^{12}$ft³)	($\times10^{12}$m³)	($\times10^{12}$ft³)	($\times10^{12}$m³)	($\times10^{12}$ft³)	($\times10^{12}$m³)	($\times10^{12}$ft³)	($\times10^{12}$m³)
常规资源	美国本土48个州陆上	125.2	3.5	167.4	4.7	138.5	3.9	431.1	12.3
	美国本土48个州海域	17.3	0.5	57.8	1.6	73.7	2.1	148.8	4.2
	小计	142.5	4.0	225.2	6.4	212.2	6.0	579.9	16.4
	阿拉斯加陆上	31.3	0.9	16.4	0.5	27.7	0.8	75.4	2.1
	阿拉斯加海域	2.4	0.07	12.7	0.4	53.0	1.5	68.1	1.9
	小计	33.7	1.0	29.1	0.8	80.7	2.3	143.5	4.1
	常规资源总计	176.1	5.0	254.3	7.2	292.3	8.3	723.3	20.5
煤层甲烷		12.8	0.4	38.2	1.1	83.2	2.4	134.2	3.8
全美总计		189.0	5.4	292.5	8.3	376.1	10.6	857.5	24.3

资料来源：天然气潜力委员会，1990。

参 考 文 献

American Gas Association, *Gas Facts 1998*, www.aga.com.

Gas Research Institute, *1998 Policy Implications of the GRI Baseline Projection of U.S. Energy Supply and Demand*, www.gri.org.

United States Energy Information Administration, April 1998, www.eia.doe.gov/cabs/usa-html.

词 汇 表

Abiogenic Gas（无机成因气）

可能由一些非生物作用形成的天然气，与有机质无关。天然气形成的这一理论并未被广泛地接受。

Absorption Chiller（吸附冷却装置）

以天然气为动力的用于商业楼内的空调装置，所用的是一种吸附原理。此装置用水来代替那些会引起全球变暖的化学物质来起到冷却作用。

Acid Gas（酸气）

含有二氧化碳或硫化氢的天然气。这些杂质气体可能形成腐蚀金属管道的酸，可用甜化技术处理。

Acquisition Price（收购价）

不包括运输、配气的天然气价格。

Allocations（配气）

天然气管道公司根据其系统的能力为其用户以优先权，这意味着为传统的用户提供优先的服务，然后才是中途加入的用户。

Alternative Fuel Vehicle（替换燃料汽车）

可以替换燃料进行操作的汽车，通常不包括汽油或柴油燃料。替换燃料有天然气、乙醇和甲醇。

Amplitude Variation with Offset (AVO)

振幅随偏移距的变化，是一种在地震数据中增强亮点分析的技术。

Angular Unconformity（角度不整合）

一种地层圈闭，因为地质作用的层序而形成，如果上覆有非渗透性盖层，则可以形成大型天然气圈闭。

Anticline（背斜）

一种构造圈闭，岩石层被缓缓地向上弯曲，形成一个隆丘。

Aquifer（含水层）

用于在地下储存天然气的含水地层。

Associated Gas（伴生气）

与地下石油接触处形成的天然气，它们赋存于非渗透性的盖层岩石内，或者溶解在石油中。伴生气含有除甲烷之外多种其他烃类物质。

Avoided Cost（回购价格）

公共电力部门必须从用户方（通常是工厂）回购电力的价格。回购价格由联邦政府立法机构确定，与发电的公共电力部分价格接近。

Back Office（后勤办公室）

会计与其他行政管理人员，他们独立地对双方的天然气合同或协议进行核实。

Base Load（基本负载）

天然气的需求量，代表着天然气消费的正常水平。

Basis Trading（基本贸易）

由天然气的交易商在交易市场上使用的一种方法，是基于在不同地点的管道中天然气的价格而进行的交易。这种价格，称为市场基本差异，因当地的天然气供应与需求的情况不同而异。

Batch（一次操作所需要的原料）

用于玻璃产品的生产中的原材料。

Bi-fuel Vehicle（双燃料汽车）

可用天然气或常规燃料（汽油或柴油）行驶的汽车，也称为双重燃料汽车（dual-fuel vehicle）。

Biogenic Gas（生物气）

由生物作用（细菌活动）在相对较低温度和较浅处生成的几乎为纯甲烷的天然气，也称微生物气、沼泽气或沼气。

Blowout（井喷）

来自钻井中无法控制的天然气流。当检测到井涌时，安装在井口的防喷器就可将井喷控制住。

Boiler（热水器）

用来产生热水或蒸汽的商用或工业用设备。

Booster Water Heater（增压热水器）

天然气热水器，用来提高商业用洗碗机中的水温，以达到政府所规定的标准。

Bright Spot（亮点）

在地震剖面图上的一个强反射区域，它通常指征天然气储层以及油层之上的天然气藏。

Build Angle（造斜）

定向井或水平井在转向处的曲线轨迹，也称"狗腿"。

Burner-tip Price（炉盘价）

终端用户在最后使用天然气时所付的价格，包括了运输与配气所需的费用。

Butane（丁烷）

天然气的一种组分，其化学分子式为 C_4H_{10}。通常，丙烷和丁烷要从天然气中分离出来并分别出售。

By-pass（绕行）

直接从生产者和市场经销商处购买天然气，不必通过管道输气公司。

联邦法律允许大宗天然气用户和配气公司绕过管道公司直接购买天然气。

Cable-tool Drilling (顿钻钻井)

使用一种像凿子一样的钻头完成钻井的技术方法。

Caliper Log (井径测井)

电缆测井技术，用于测量井孔直径，可确定所钻岩石的类型。

Cap Rock (盖层)

非渗透性的岩石层，可以阻止天然气向上渗漏。

Carbon Dioxide (二氧化碳)

天然气燃烧时的一种副产品，其化学分子式为 CO_2。CO_2 也是出现在某些天然气田中的杂质。

Carbonate (碳酸盐岩)

一种储集岩类型，通常为钙质碳酸盐岩（石灰岩）。

Casing (套管)

薄壁的无缝钢管，用于钻井。在井口处，套管一节一节地插入井孔，一旦该井有可能产出天然气，就一直安装到井底。

Cathodic Protection System (阴极保护装置)

安装在地下金属管道上的电子装置，以防止管材与土壤之间因电化学反应而引起的腐蚀。

Cement (水泥)

潮湿的泥浆状物，用泵压入套管与井壁之间的空隙，以形成一种支撑。

Centrifugal Compressor (离心泵)

管道中使用的泵，用来在输气过程中保持气体的压力。

Checkers (砖格)

用在玻璃熔化炉内的砖块，用来吸收废弃的热量。

Chiller（制冷机）

用于商用建筑物内的空调设备。

Chlorofuorocarbins (CFCs)（氯氟烃）

含有氯的化学物质，比如氟利昂和其他制冷剂。氯氟烃被认为是一种导致地球保护层臭氧层损耗的罪魁祸首。

Christmas Tree（圣诞树）

安装在井口的一组阀门零件，用于控制气流，也叫"采油树"。

City Gate Station（城市配气站）

接收来自管道或其他供气来源的天然气的工作站，也称为"终端站"。

Clamshell（抓斗）

商业性炊具，一种双面煮锅或烤锅。

Claus Process（克劳氏硫化法）

一种从天然气中回收硫的方法。

Coal（煤）

由烃类构成的固体化石燃料，煤是木质组分在时间与温度的影响下形成的。

Coal Gas（煤气）

加热煤所产生的可燃性气体，也称人造天然气或城市气。

Coal Seam Gas（煤层气）

由木质组分转化为煤的过程所形成的天然气（几乎为纯甲烷）。这种气被吸附在沿煤自然裂隙的层面上，也称"Coalbed Gas"。

Cofiring（共燃）

用于发电厂的锅炉中，用天然气作为附加燃料，以减少硫化物与颗粒物的排放。

Cogeneration（热电联供）

同时产生电与热量。典型的热电联供是以天然气为动力或以锅炉—涡轮组合为动力产生的，也称为"热与电的结合"。

Coke（焦炭）

人工制造天然气过程中的一种固体的多孔副产品，可用于室内取暖。焦炭也用于炼铁和炼钢工业中。

Combination Trap（组合圈闭）

组合了构造与地质要素的油气圈闭。

Combined Cycle（组合循环）

混合使用天然气与蒸汽涡轮机的发电厂。

Commodity（商品）

在世界范围内进行贸易交流的原材料，比如天然气、石油、谷物以及金属。

Completion（完井）

完成钻井的过程，包括用钢制套管下至裸眼井底，用水泥或其他物质将地下井孔进行固井作业，完成了射孔作业，将套管与环状水泥柱射开多个孔，将天然气引入井孔。

Compression Ratio（压缩比）

展现在管道压力计上的输出与输入的压力之比。

Compressor（压力机）

用来在输送中增加天然气压力的设备，而且，该设备使用制冷机产生冷水，起到空调的作用。

Condensate（凝析油）

较重的液态烃类，在地下以气态存在，但当天然气被开采以后，会再次变为液态，成为凝析油，也称"天然汽油"。

Conditioning（净化）

将水和杂质从天然气中除去的过程。天然气的净化过程包括甜化作用除去二氧化碳和硫化氢以及用乙二醇脱水剂除去水分。

Confirmation（确认）

指交易的双方对合同的执行，自己负责处理交易中的风险。一个"确认"是由会计人员和其他行政管理人员从双方立场出发，对合同进行独立的审核。

Controlled Atmosphere Furnace（可控气熔炉）

一种热处理的熔炉，内部使用可控制的大气气流以保护金属免受氧化或引起特殊的化学反应。

Core（岩心）

从地下岩石中取出的一段样品，用于岩石产气能力的研究。

Corrosion（腐蚀）

金属管道的损伤，由管道内部的酸或水因管道与周围土壤之间的电位差而造成。

Cross-well Seismic（联井地震）

以一口井中的地震能量为源，在一口或附近的多口井中接收信号。连井地震成像要比地表地震的图像分辨率高。

Crude Oil（原油）

在地下发现的未经炼制的石油。原油为液体，由一百多种烃类组成。

Cryogenic（超低温）

极低的温度，用于储存液态天然气（LNG）。

Cullet（碎玻璃）

用于生产玻璃产品的原料。

Curtailment（削减）

当天然气供不应求时削减一些用户的作法，这种情况发生在 20 世纪 60—70 年代，通常，首先被削减的用户是发电厂和大型工业设备。

Cushion Gas（垫气）

天然气储层中被保存的一定量的气体，可为天然气的开采保持足够的压力。

Cuttings（岩屑）

在钻天然气井时收集的岩石碎片，可以用来获得岩石产气能力等方面的信息。

Dedicated Vehicle（专用车辆）

仅仅使用天然气或其他替代燃料驱动的车辆，不能使用汽油或柴油燃料。

Deformation （变形）

在强烈的压力作用下，导致岩石抬升、下降或从一侧移动到另一侧的地质变化。岩石也可因风化作用和侵蚀作用而发生变化，这些作用会将岩石搬运并产生新的沉积。

Demand Charge（需求费用）

在需求高峰时期交付的额外电费，通常指白天和夏季时发生的费用。

Depleted Reservoir（枯竭的储层）

地下的已经不再有商业性天然气或石油的储层，这些储层常常会被用作天然气储气库。

Derrick（钻井平台）

有四条腿的钻塔，矗立在海床上的钻井平台。

Desiccant（干燥剂）

用于除去进入建筑物的加热与制冷系统之前的空气中的潮气，比如硅胶。

Dip Log（地层倾角测井）

一种电缆测井技术，可以确定井下岩石层的走向与倾向。

Directional Drilling（定向钻井）

从垂直钻井派生而来，可以钻达一个特定的目标。

Discovery Well（发现井）

在一个新的气田中发现天然气的第一口钻井。

Distribution Main（配气干线）

地下通往各类用户的天然气输送管道。

Distribution System（配气系统）

将各种来源的天然气输送给用户的管网。

Dog Leg（狗腿）

定向钻井或水平井在某一造斜拐点处转向的曲线轨迹，也称"造斜角"。

Dome（穹隆）

一种向上与背斜相似的构造，天然气被圈闭在其储层内的高点。

Drill Bit（钻头）

能够在井底破碎岩石的工具。绝大多数钻头的形状像三个圆锥组合在一起，每个圆锥的顶端有齿状结构。

Drilling Barge（平底驳船）

一种主要用于浅海区域的海上钻井平台，可防水。

Drilling Mud（钻井液）

用泵压入井下的液体，用于清洗并润滑正在钻进的钻头。钻井液通过旋转着的钻杆与井壁之间的空间返回地面，并将地下的岩石碎屑带上地面。

Drilling Time Logs（钻时测井）

记录钻头钻进速率。

Drillpipe（钻杆）

由一节节钢管制成，它们被接在一起一直插到井下。

Drillship（钻井船）

在海上进行钻井的船，在船身上有一个开口，可将钻杆伸至海底。

Drillstring（钻柱）

钻机旋转装置的一部分，包括旋转的钻杆与钻头。

Dry Gas（干气）

一种纯甲烷气，在储层或地面都不能形成液态凝析油。

Engine Driven Chiller（发动机驱动制冷机）

以天然气为动力用于商务大楼内的空调机。这种发动机代替了向压缩机提供动力的电动机。

Ethane（乙烷）

天然气的一种组分，化学分子式为 C_2H_6。

Expander Plant（膨胀器）

一种用来将液态凝析油与干气分开的设备。

Exploration Well（勘探井）

发现新天然气田的钻井，又称"野猫井"。

Fault（断层）

属于构造圈闭，其岩石被断开，大套的岩石发生了相对滑动。

Feeder Main（主进气干线）

将天然气从供气干线或压力调节器输往配气站的管道。

Feedstock（原料）

原材料，比如用于制造化工产品的天然气。

Fish（落鱼）

在钻井过程损坏的金属碎片，或者是一些因事故而落入井下的工具，也称"积在井底的金属碎屑"。只有用从服务公司借来的特殊工具才能将其打捞上来，继续钻进。

Fixed Leg Platform（固定式钻井平台）

一种海上钻井平台，用钢制的柱子插入海底固定住。

Flat Spot（扁平点）

在地震剖面图上的一种气—油或气—水界面的反射现象。

Fluid（流体）

液态或气态，尤指石油或气态的天然气。

Fold（褶皱）

构造圈闭，岩石层被缓缓地弯曲，包括背斜、穹隆与向斜。

Force Majeure（不可抗力）

管道合同，允许公司在法庭上证明极不寻常的市场条件与某种自然灾害是相似的，也称"非市场选择"。

Forced Draft Fan（强力通风扇）

将可燃气送往居民的暖风炉的装置。

Formation（地层组）

用于地质填图的基本地层单位层。"组"具有定义明确的顶与底，其名称由两部分组成，以指明地理位置和主要的岩石类型。

Fossil Fuel（化石燃料）

由有机沉积物的分解而形成的燃料，化石燃料包括石油、天然气（油气）煤炭。与一些可以继续生成的能源不同（比如太阳能与风能），化石燃料被认为是不可再生的。

Fracturing（压裂）

通过向致密岩层喷注液体将岩石打碎并扩大其在井口四周流动的通道，以达到增加其渗透率的方法，也称"增产措施"。

Gamma Ray Log（伽马射线测井）

一种电缆测井技术，根据其量放射性可以测出井内岩石的类型。

Gamma-gamma Log（伽马—伽马测井）

一种电缆测井技术，可判断岩石的孔隙度，也称为"地层密度测井"。

Gas Cooling（天然气制冷）

以天然气为动力的空调机与冰箱。天然气制冷设备包括吸附式冷却发动机驱动空调及冰箱系统。

Gas Marketer（天然气市场经销商）

起着天然气用户与供气源（生产商、管道公司等）之间中间人作用的人物。与交易商的牵线搭桥不同，市场经销商至少在一个较短时期内拥有天然气的所有权。

Gas Trader（天然气交易商）

起着天然气用户与供气源（生产商、管道公司等）之间中间人作用的人物。交易商仅仅简单地安排交易双方之间的协商。现在，人们也称"交易商"为"经纪人"。

Gathering System（集输系统）

与多口井相连的采集管网，并将采集的天然气输送至处理中心进行加工处理。

Geochemical Methods（地球化学方法）

一种勘探技术，根据地下油气藏上方的地表土壤和水中化学及细菌分析而进行。这些方法能够揭示经常以晕状物出现的看不见的油气渗漏。

Geological Methods（地质方法）

一种勘探技术，包括绘制地上与地下构造的图件，并从地下岩层中取样。

Geology Related Imaging Program(GRIP)

一种通过将地质信息直接加入地震勘探以增强地震剖面清晰度的方法。

Geophones（检波器）

安装在地面的震动检测器，检测来自地震波的反射信号并将其转换为电压。

Geophysical Method（地球物理方法）

一种勘探技术，测量地下岩石层的物理特性，例如地震反射、重力和磁力。地球物理技术能够使地质学家确定地下岩石层的深度、厚度与构造，并评价它们是否能够圈闭天然气。

Glycol（乙二醇）

一种液体干燥剂，可用来除去天然气中的水分。

Gravel Pack（砾石充填）

用来在未固结的砂砾中完井而使用的粗大的砾石。

Gravity Meter（重力计）

一种地球物理勘探工具，用来评价地下的岩石密度。

Greenhouse Gas（温室气体）

可能引起全球变暖的气体，比如二氧化碳与甲烷。

Heat Treating（热处理）

金属或合金的受控热或冷处理技术，通常可使产品具有一定的特性。

Helium（氦）

天然气中的一种痕量元素，主要发现在美国的一个天然气田中。

Holiday（漏涂点）

金属管道上涂层遗漏的点，可能导致其被腐蚀。

Horizontal Drilling（水平井）

钻井在地下改变钻进方向，向水平方向钻进。水平钻井能够增加薄层和低渗透率储层的生产能力。

Hybrid System（混合系统）

混合了电与天然气动力的商用空调系统。

Hydraulic Fracturing（液体压裂）

通过液体的喷注将地层的岩石击碎，增加致密地层的渗透率，增大井孔四周流体的通道，也称"增产措施"。

Hydrocarbon（烃类）

主要由碳（C）和氢(H)两种元素组成的化学组分。原油和天然气就是由烃类物质构成。

Hydrogen Sulfide（硫化氢）

一种带酸味的剧毒气体，以杂质的形式存在于某些天然气田中。能够形成硫酸，可腐蚀金属管道，通过一些工艺可将其从天然气中除去。

Hydrophones（水中检波器）

用于海上地震作业的地震波检测器。

Independent Power Producer（独立电力生产商）

不受法律约束的非公共事业电子公司，常常使用热电联供技术产生热和电力。

Induced Draft Fan（注入式强力风扇）

将空气注入民用暖气炉的风扇。

In-fill Well（非计划井）

为提高某个气田中天然气的生产速率而额外钻的井。

Infrared Burner（红外燃烧炉）

一种天然气燃气炉，可由金属或陶瓷制成，用红外热量进行工业干燥处理。

Injection Well（注入井）

用来将天然气注入储气库的钻井。

Interruptible Customer（可中断的用户）

在使用天然气或电力时，允许暂时供应的中断（加入）以获得较低的价格。通常，该用户的天然气或电力供应仅仅在需求的高峰时段才被切断。

Isopach Map（等厚线图）

一种表示岩石地层厚度的地质图。

Jack-up Rig（自升式钻井平台）

一种可以升降的海上钻井平台，有支柱。

Joints（焊接）

大口径输气管道的连接。应用这项技术还可将塑料配气管道接口段连接起来。

Kelly（方钻杆）

一种方形钻杆，由钻机的旋转系统夹住并带动。

Kick（井涌）

因地下意想不到的高压而引起的现象，可以导致天然气或水流进钻井，稀释钻井液，并减少钻井液的压力。

Kichoff（造斜点）

在定向钻井或水平钻井的某一个点，井孔开始从垂直方向偏离。

Kill Mud（压井液）

比较重的钻井液，用泵压入井孔内，参与循环。

Leaching （淋滤）

用泵将水压入地下，溶解岩石，人工制造地下天然气储气岩洞。

Leak Detector （裂缝检测器）

用于检测天然气管道泄漏的装置。

Limestone （石灰岩）

一种常见的沉积岩，由碳酸钙构成，岩石的颗粒从细粒到粗粒，可以成为天然气储层。

Liquefied Natural Gas (LNG)

液化天然气。天然气被冷却到极低的温度。液化天然气易于储存，或作为重型汽车的燃料。

Liquefied Petroleum Gas (LPG)

液化石油气，主要由丙烷构成。LPG 是在那些没有管道服务地区的天然气供应的常用方式。

Liquid Redox Process （液体的氧化还原法）

一种根据氧化—还原原理从天然气中回收硫的方法。

Liquidity （资产流动性）

与资产相关的弹性能力，比如一种商品或股票的分享，能够转换为现金。

Lithification （石化）

松散的沉积物被压实变成岩石的过程。

Lithofacies Map （岩相图）

一种地质图，表示单层岩石的沉积相变化。

Lithographic Log （岩相测井）

随钻井液上返而进行的钻井岩屑取样分析。

Logs（测井）

在钻井过程中进行的测量与记录，用来判断是否有天然气或其他资源的存在。

Magnetometer（磁力测量计）

一种地球物理勘探工具，用来检测基底岩石的海拔、厚度及区域性断层。

Manufactured Gas（人造天然气）

由加热煤而产生的燃气，也称煤气或城市气。美国与欧洲早期的天然气工业就是依靠人造煤气而不是天然气。

Market Basis Differential（市场基本差异）

一个地区的管道天然气价格与其他地区的天然气价格之间的差异。每个地区的天然气都有不同的价格，主要取决于当地的供求关系。

Market Out Provisions（非市场选择）

管道合同允许公司在法庭上证明那些极不寻常的市场条件与自然灾害是相似的，也称为"不可抗力"。

Marsh Gas（沼气）

几乎为纯甲烷，由生物作用（细菌活动）在一个相对低温低压的条件下生成，也称微生物气、沼泽气或生物气。

Meter（仪表）

用于测量管道或配气系统通过某一点的天然气体积的仪器。

Methane（甲烷）

一种最简单的烃分子，其化学分子式为 CH_4，是天然气的主要成分。甲烷为无色、无味气体，易燃，可发出白色微光的火焰。除了作为燃料气体，甲烷还是一种重要的原材料，用于制造溶剂和其他有机化学品。

Microbial Gas（微生物气）

几乎为纯的甲烷，由生物作用（细菌作用）在相对较低温度和较浅的深度形成，也称生物气。

Migration（运移）

天然气从烃源岩流出后的纵向与水平方向的流动。因为天然气的密度较小，可以沿着裂隙和断层向上流动，也可以水平流动，然后向上穿过可渗透性岩层。

Mineral Rights Owner（矿权拥有者）

个人或政府对勘探、钻井和开采天然气或其他资源的控制。

Modeling（建模）

可以帮助地质家将地下的构造条件进行计算机模拟，而不用直接测量其性质。

Modulating Burner（可调节燃炉）

不用循环开关而可以调节输出热量的天然气炉。

Mud Logs（钻井液测井）

对钻井液和岩屑的化学分析，判定天然气的踪迹。

Natural Gas Liquid (NGL)（天然气液）

当凝析油被除去乙烷、丙烷、丁烷后剩余的液体。

Natural Gasoline（天然汽油）

较重的液态烃类，在地下以气态形式存在，但被开采出地表以后会再次液化或凝析，也称"凝析油"。

Neutron Log（中子测井）

一种电缆测井方法，测量岩石的孔隙度。

Nomination（指派权）

一种合同运作方式，据此，天然气的用户可以提前 24 小时精确地告诉管道公司他们需要多少天然气，并要求送抵何处。每天的"指派"帮助管道系统维持平衡。

Nonassociated Gas（非伴生气）

与圈闭内的石油无关的天然气，非伴生气井产出的天然气几乎为纯甲烷。

Odorization（加味）

给天然气添加人造气味的工序。加味是出于安全的需要，人们可以据此容易地检测天然气的泄露。

Off Peak（非峰值时间）

对能源（天然气或电力）的需求处于正常或低水平的时间，与需求高峰的时间相对应——此时对能源的需求达到最高峰。

Oil（石油）

一种液体化石燃料，常常在地下的天然气之下发现。

Onsite Power（现场发电）

在一所制造厂内现场进行的发电。

Opacity（不透明体）

由公共的电厂排出的颗粒物云。

Open Access（开放式存取）

管道为用户输送或储存天然气，用户可以直接从生产商或市场经销商处购买。

Organic Matter（有机质）

含碳（C）的化合物，能够在一定的时间内分解，形成天然气和石油（烃类）。

Orifice Meter（孔板流量计）

用于测量通过管道或配气系统内某一点的天然气流量的常用仪器。

Outcrop（露头）

岩石地层在地表出露的地点。

Overthrust Belt（推覆断层）

一种断层，例如落基山脉。

Oxygen-enriched Air Staging（富氧空气分级法）

用于玻璃熔融过程中的一种工序，用来减少氮氧化物的排放。

Paleocave System（古溶洞系统）

具有复杂地质条件的碳酸盐岩储层，由与断层相关的古溶洞形成。

Peak Demand（需求高峰）

天然气需求在正常水平之上，也称"高峰负载"。天然气的消费高峰仅仅出现在一年中很短的时间内，主要在冬季。相反，电力的高峰需求则主要出现在夏季。

Permeability（渗透率）

测量流体通过岩石难易程度的物理量。

Perforations（射孔）

射开井内套管与水泥壁的孔，可以使天然气流入井内。

Petroleum（油气）

原油与天然气的统称。

Pig（管内清洁器）

用来进行天然气输送管道内清理的工具。小型管内清洁器可用计算机控制，能更加精确地到达有问题的位置。

Pill（小段塞）

注入钻井液的一些化学物质，可以解决钻孔内的问题。

Pipeline-quality Gas（管道质量天然气）

进行特殊处理的天然气，以符合管道购买合同的特殊要求。

Play（远景区）

一块显示有商业质量的天然气区域，拥有探明的储集岩、圈闭和盖层或其他封闭。

Polyethylene（聚乙烯）

用于生产天然气管道（包括配气主干线和服务支线）的塑料物质。

Pore（孔隙）

岩石内开放的微小空间，可以容纳流体。

Porosity（孔隙度）

表征储集岩可以在其孔隙内容纳流体能力的物理量。

Potential Resources（潜在的资源）

地质家在已证实的储量之外可能找到的天然气，包括概算的储量、可能的储量和推测的储量。

Preheating（预热）

在燃料被燃烧之前进行的加热，原材料也可以预热。预热常常被用于提高工业加工的效率。

Propane（丙烷）

天然气组分的一种，化学分子式为 C_3H_8，丙烷和丁烷常常被从天然气中抽出并分别销售。

Pressure Regulator（压力调节器）

用来降低在整个配气系统内各个点处的天然气压力的装置。

Prospect（有利探区）

地质的和经济的条件都有利于钻一口勘探井的精确地理位置。

Proved Gas Reserves（探明天然气储量）

具有经济价值，可用当前技术开采的天然气量。

Purchase Contract（购买合同）

用户从生产商、管道公司或天然气经销商处购买天然气的协议。

Purchased Gas Adjustment Clause（购买天然气平差条款）

天然气配气公司，可以比通过常规的价格渠道更加迅速地调整天然气的价格。

Reburning（再燃烧）

使用天然气作为发电厂锅炉附加燃料的工艺流程，可减少氮氧化物的排放。

Reciprocating Compressor（复往式压缩机）

用于维持管道运输中气体压力的压缩机。

Regenerative Burner（再生式炉具）

一种天然气燃烧炉，由一对炉眼构成，可将火焰顺序开关。这种燃烧炉在关闭时可以从炉子获得热量，开时可用其预热燃烧的空气，减少能量的消耗。

Regulation（法规）

由政府颁布的具有法律效益的规则或条令。通常，法规用于贯彻由政府制定的法律。

Reservoir（储层）

地下储集天然气或石油的岩层。油气被包含在储层的孔隙内。流体（天然气或石油）不能从一套储层流到另一套储层去。

Reservoir Pressure（储层压力）

在一定的深度岩石的孔隙内流体上的压力。正常的储层压力来自上覆流体或地层的重量。

Reservoir Rock（储集岩）

具有一定孔隙和渗透率的岩石，能够储藏并输送流体（天然气或石油）。

Resistivity Log（电阻率测井）

测量电流通过岩石及其流体（天然气或石油）的电阻特性，可以指征地下岩石的类型。

Rig（钻机）

用来钻井的装置，通常由承包商拥有并操作。

Rock（岩石）

矿物颗粒与晶体的集合体。

Rooftop Unit（屋顶装置）

一种安装在建筑物顶部的天然气加热系统，也称家用系统，以别于大型中央加热系统。

Rotary Drilling（旋转钻井）

一种钻井方法，顶端钻头与一根长钢管相连，钻具旋转着进入地层并形成一个井孔。

Royalty（矿区使用费）

按一定的天然气收入比例付给矿产的拥有者或其他人员的费用，开采费用为公开透明并免税的。

Salt Dome（盐丘）

一种组合型圈闭，大型盐体上隆穿过了上覆地层。

Sandstone（砂岩）

一种主要由砂粒构成的常见的沉积岩。

Scrubber（清洁器）

用来减少电厂排放物的静电除尘装置。

Sediment（沉积物）

松散的土壤、泥质或盐等。沉积物在水体、空气中沉积。

Sedimentary Rock（沉积岩）

沉积物在海底或其他水体中部沉积而形成一种岩石。

Seismic Reflection（地震反射）

一种使用声波能量探测地下岩石地层特征的地球物理勘探技术。声波或地震波在地表产生并被地下岩石层反射回地面。

Semi-submersible（半潜式钻井平台）

一种海上钻井装置，漂浮在海水中并用锚链将钻井装置与海底连接、固定。

Service lines（服务管道）

口径较小的塑料管道，将天然气从主干线输往用户。

Shale（页岩）

一种常见的沉积岩，常常富含有机质。黑色页岩是油气的烃源岩。

Sonde（探测器）

一个圆柱体内安装的仪器，可以用电缆连接后插入井下记录一口井的录井情况。该仪器对岩石及其内部的流体的电子辐射性和声波信号特征反应灵敏，也对钻井的直径反应灵敏。

Sonic Amplitude Log（声波振幅测井）

一种电缆测井方法，可测量声波穿透岩石的衰减程度，从而判定岩石内裂隙。

Sonic Velocity Log（声波速度测井）

一种电缆测井方法，可测量声波穿透岩石的速度，从而判定岩石的孔隙度。

Sour Gas （酸气）

含有硫化氢的天然气，是一种剧毒的有酸味的气体，可以形成硫酸并腐蚀管道。可用净化方法将硫化氢从天然气中除去。

Source Rock （烃源岩）

富含有机质的沉积岩，在地质作用下生成石油或天然气。

Spot Market （现货市场）

短期的天然气市场现象，由天然气井口价格的解禁而产生。现货市场允许更多的竞争，会使天然气的价格降低。

Spud （开钻）

钻开地表并开始钻井。

Step-out Well （探边井）

在发现井旁边钻的井，用来确定新油气田的存在。

Stimulation （增产措施）

通过在井孔四周的岩石内扩大流通途径而增加致密岩石层的渗透率，也称"压裂"。

Stratigraphic Column （地层柱状图）

表示地层垂直序列的图，最年轻的地层在顶部，最古老的地层在底部。

Stratigraphic Trap （地层圈闭）

油气圈闭的一种，当岩石的渗透率或孔隙度发生变化时形成，阻止天然气运移。地层圈闭通常要比构造圈闭难以被发现。

Strike-and-dip （走向与倾向）

用来岩层表示三维空间的地质图，即岩石的水平与垂直分布方向。

Strike-slip Fault （平移断层）

岩层侧向移动形成的断层，与岩层做相对的上、下移动（沿倾向移动对应）。

Structure Map（构造图）

用等值线表示地下岩层分布的地质图。

Structure Trap（构造圈闭）

油气圈闭的一种，由储层的变形而形成，例如褶皱或断层。

Supply Main（主干线）

在城市供气站接收天然气的管道并将这些天然气输往配气系统。

Swamp Gas（沼泽气）

几乎为纯净的甲烷，由生物作用（细菌活动）在相对低温和较浅的深度形成，也称"微生物气"、"沼气"或"生物气"。

Sweetening（甜化作用）

天然气的加工处理工艺，可将二氧化碳和硫化氢等杂质除去。

Syncline（背斜）

一种大型的沉积岩褶皱，向下弯曲。

Tail Gas（尾气）

在液化天然气被分离后存在于天然气加工厂内的气体。

Take or Play Provisions（负责或付款条款）

一种管道合同条款，在20世纪70—80年代使用，经销商或管线公司须向生产商交付合同所标注的全额款项而不管他们是否全部出售。

Tension-leg Platform（张力支柱式钻井平台）

一种漂浮式海上钻井与生产平台，由本身较大的支柱在海底支撑着，并用直径较小的空心钢管连接。

Thermogenic Gas（热成因气）

由地下有机质或原油的热裂解而形成的天然气。

Three-dimensional (3-D) Seismic（三维地震）

一种地震记录方式，表现三维的地震反射。这种技术类似于人体的 CAT 扫描或 MRI 成像。

Thrust Fault（逆断层）

由挤压作用而形成的断层，断层的一翼被推到另一翼的上部。

Tight（致密层）

低渗透率层，阻碍流体的流通。

Tight Sands（致密砂岩）

由低渗透率的砂岩构成的天然气储层。

Tool Pusher（钻机长）

钻井公司的雇员，对钻井人员及钻具负责。

Topographic Map（地形图）

用等高线表示地面高程的地图。

Town Gas（城市气）

由加热煤炭而制成的可燃性气体。

Trap（圈闭）

能够聚集天然气或石油的岩层，其上有盖层岩石。

Trend（详探区）

远景区经证实可能发现天然气田的区域。

Tubing（管道布设）

小口径的钢管，与井口相连。

Turbine（涡轮机）

发电设备，可以由天然气、蒸汽或其他燃料带动。

Turbodrilling（涡轮钻井）

一种钻井技术，钻头由一个在井下的涡轮带动着旋转，由循环钻井液提供动力。由于这种旋转运动仅在钻头处进行，所以钻杆就不需要转动了。

Vacuum Furnace（真空炉）

一种热处理装置，可以在内部形成一个真空环境以保护金属产品不被氧化。

Vitrinite Reflectance（镜质组反射率）

一种地球化学勘探方法，通过检测岩石内的镜质组（一种植物有机质部分）含量确定烃源岩的成熟度。

Volatility（挥发性）

用来判别市场上价格波动的参数，高挥发性意味着价格波动范围非常大。

Well（钻井）

钻入地球深部用来开采天然气的一个井孔。钻井可以在陆地也可在水底完成。

Wet Gas（湿气）

产出地表可以形成凝析油（较重的烃类），而在地下则以气态形式存在的天然气。

Wildcat Well（野猫井）

为发现新天然气田的勘探井。

Wireline Log（电缆测井）

将一条电缆装置伸入井孔进行测量的方法。电缆测井能够记录大量的岩石物理性质，包括岩石及其流体的电性、放射性以及声波等特征。

Working Gas（工作气）

储存的天然气，当需要时可以被收取并输送，与那些必须被保存在储气层内以保证其压力的垫气性质相反。

《石油科技知识系列读本》编辑组

组　长：　　　张　镇

副组长：周家尧　杨静芬　于建宁

成　员：鲜德清　马　纪　章卫兵　李　丰　徐秀澎

　　　　林永汉　郭建强　杨仕平　马金华　王焕弟